物のまとめ

性　　状	危　険　性	火災予防
性がある　　揮発しやすい	過酸化物が生成し，加熱，衝撃により爆発	冷却装置等を設け，温度管理をする
り重い　　蒸気は有毒	燃焼すると二酸化硫黄（亜硫酸ガス）を発生	可燃性蒸気の発生を防ぐため水没貯蔵
しやすい　　蒸気は有毒	沸点が低く，引火しやすい 蒸気は粘膜を刺激する	貯蔵時，不活性ガスを封入
蒸気は有毒	重合反応を起こし，大量の熱を発生	
色）・特臭　　揮発しやすい 　　航空機用→緑，赤，紫	引火しやすい 蒸気は空気より重く，低所に滞留	
有毒　　揮発しやすい	引火しやすい 蒸気は空気より重く，低所に滞留	
毒性はベンゼンよりも低い	引火しやすい	
	引火しやすい	
香	引火しやすい　　静電気を発生しやすい	
特臭	引火しやすい	
しやすい		
がある　　毒性がある	無水クロム酸との反応で発火 炎の色が淡いために認識しづらい	
，麻酔性がある　　毒性はない		
特異臭	液温が引火点以上になると引火する 霧状や布に浸みこんだものは引火しやすい 蒸気は空気より重く，低所に滞留 静電気を発生しやすい	ガソリンと混合させない
がある		
の異性体が存在する		
アルコール類には分類されない		ガソリンと混合させない
がある　　金属を強く腐食する 酢酸エステルを作成	可燃性 薄い濃度のほうが腐食性が強い 皮膚に触れると火傷する	コンクリートを腐食させるので床などのコンクリート部分はアスファルト等の腐食しない材料を用いる
性あり 硫黄は燃えると有毒ガスになる	燃焼温度が高いため，消火は困難	分解重油は自然発火する
特異臭　　蒸気は有害		
特異臭　　蒸気は有害		
グリセリンの原料	燃焼温度が高いため，消火は困難	
よりも軽いものが多い	加熱，加圧すると火災になりやすい 燃焼温度が高いため，消火は困難	
無色　　比重は約 0.9 を含む	燃焼温度が高いため，消火は困難 乾性油はヨウ素価が大きく自然発火の危険性がある	

※　その他の火災予防は，本文参照

乙種第4類
危険物取扱者試験
完全マスター

資格試験研究会 編

梅田出版

はしがき

　危険物取扱者試験は，財団法人消防試験研究センターが試験機関の指定を受け，試験問題も全国統一的に作成され，実施されています。
　そこで，資格取得を目指している皆さんに"誰でもわかる"そして"必ず合格する"テキストとして本書を刊行しました。
　受験勉強をする時に最も大事なことは，どういう問題がどういう形式で出題されているかを知ることです。このことから，本書は最新の出題傾向をつぶさに分析し，これに合った内容を整理し，解りやすく解説しています。

本書の特長

・過去に出題された問題が整理され，効率よく学習できます。
・初めて受験する人でも理解できるように多くの図や表を取り入れ，また要点をしぼって解りやすく解説した。

　なお，梅田出版発売の「乙種第4類危険物取扱者試験」ソフト（Windows版）と併せてご利用いただければ，より一層の効果を期待できるものと確信いたします。
　本書が危険物取扱者の資格をめざす方に活用され，合格の栄冠を手にされることを切望いたします。

編者しるす

もくじ

第1章　基礎的な物理学及び基礎的な化学

物理・化学に関する基礎知識

- 1．物質の状態変化　2
- 2．その他の状態変化　3
- 3．密度と比重　3
- 4．熱とその移動　4
- 5．熱膨張　6
- 6．物質の分類　7
- 7．物質の変化　8
- 8．酸化と還元　9
- 9．化学反応式と熱化学　10
- 10．有機化合物　11
- 11．金属の性質　12
- 12．酸と塩基　13

練習問題　14

第2章　危険物の性質並びにその火災予防及び消火の方法

1　燃焼・消火の基礎知識

1．燃焼　24
- 1．燃焼の3要素　24
- 2．燃焼の形態　25
- 3．燃焼における物性　26
- 4．燃焼の難易　27
- 5．自然発火　27
- 6．静電気　28

2．消火　29
- 1．消火の種類　29
- 2．消火剤の種類と適応火災　30
- 3．消火方法と消火剤のまとめ　31

練習問題　32

2　乙種危険物の性質

1．危険物の類ごとに共通する性質　40
2．第4類危険物の共通する特性　41
3．第4類危険物の性質　44
- 1．特殊引火物　44
- 2．第1石油類　46
- 3．アルコール類　49
- 4．第2石油類　51
- 5．第3石油類　53
- 6．第4石油類　55
- 7．動植物油類　55

練習問題　56

第3章 危険物に関する法令

1 消防法 I
  1. 危険物の法規制 　*72*
  2. 指定数量の計算 　*73*
  3. 製造所等の設置から用途廃止までの手続き 　*74*
  4. 危険物取扱者 　*76*
  5. 保安講習 　*77*
  6. 危険物の保安体制 　*78*
  7. 予防規程 　*80*
  8. 定期点検 　*81*

  練習問題 　*82*

2 消防法 II（製造所等に関する規制）
  1. 製造所等の区分 　*93*
  2. 製造所等の位置・構造・設備の基準 　*94*
     1. 屋内貯蔵所 　*95*
     2. 屋外タンク貯蔵所 　*96*
     3. 屋内タンク貯蔵所 　*98*
     4. 地下タンク貯蔵所 　*99*
     5. 簡易タンク貯蔵所 　*99*
     6. 屋外貯蔵所 　*100*
     7. 一般取扱所 　*100*
     8. 販売取扱所 　*101*
     9. 移動タンク貯蔵所 　*102*
     10. 給油取扱所 　*104*
  3. 運搬の基準 　*106*

  4. 貯蔵・取扱いの基準 　*108*
     1. 共通の基準 　*108*
     2. 貯蔵の基準 　*108*
     3. 廃棄の基準 　*108*

  5. 標識・掲示板 　*109*
     1. 標識 　*109*
     2. 掲示板 　*109*

  6. 消火設備・警報設備の基準 　*110*
     1. 消火設備の基準 　*110*
     2. 警報設備の基準 　*111*

  7. 行政違反等に対する措置 　*112*
     1. 違反に対する措置 　*112*
     2. 事故時の措置 　*113*

  練習問題 　*114*

模擬試験1 　*127*　　　　　　　　　　*模擬試験2* 　*134*

受験案内

1. 危険物取扱者試験は都道府県知事から委任された消防試験研究センター道府県支部（東京都は中央試験センター）で実施されています。

2. 試験の日時・会場等はその都度公示されますが，詳しいことは，
   - （財）消防試験研究センターのWebページ（http://www.shoubo-shiken.or.jp/）
   - センター各支部の窓口

   でご確認ください。

3. 受験資格
   受験資格の制限はありません。

4. 試験の方法
   筆記試験で5肢択一式です。

5. 試験科目および出題数
   ① 危険物に関する法令　　　　　　　　　　　　　出題数　15題
   ② 基礎的な物理学及び基礎的な化学　　　　　　　　　　　10題
   ③ 危険物の性質並びにその火災予防及び消火の方法　　　　10題
   合格基準は①～③の各科目60点以上。

6. 試験科目の一部免除
   乙種を受験する者のうち，受験する類以外の乙種危険物取扱者免状を有する者は，上記試験科目のうち①と②は免除される。

7. 解答時間　2時間（120分）

第1章

基礎的な物理学 及び 基礎的な化学

物理・化学に関する基礎知識

1. 物質の状態変化

物質の状態には，**固体**，**液体**，**気体**がある。この3つの状態を**物質の三態**という。
同じ物質でも圧力や温度が変わると**固体**，**液体**，**気体**と変化する。

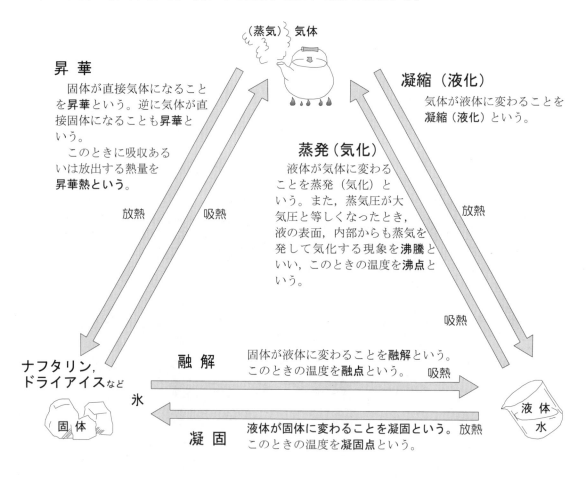

沸　点

① **沸点**とは液体の**飽和蒸気圧**が外圧と等しくなるときの液温。
② 沸点は**加圧**すると高くなり，**減圧**すると低くなる。
③ 一定圧における純粋な物質の**沸点**は，その物質固有の値を示す。
④ 不揮発性物質が溶け込むと，液体の沸点はもとの液体より高くなる（沸点上昇）。
⑤ 沸点が低ければ可燃性蒸気の放散が容易となり，引火の危険性が高くなる。
⑥ 可燃性液体には，沸点が100〔℃〕より低いものがある。
⑦ 水は1気圧のもとでは100〔℃〕で沸騰する。
⑧ 沸騰している間，沸点は変化しない。

2. その他の状態変化

潮解と風解

① **潮解**…固体の物質が空気中の水分を吸収して，その水に溶ける現象。

 水酸化ナトリウム（苛性ソーダ）が空気中の水分を吸収してベトベトになる。

第1類の危険物には潮解性のあるものがある。

 塩素酸ナトリウム，硝酸アンモニウム

② **風解**…潮解とは反対に，結晶水を含む物質がその結晶水を失って粉末状になる現象。

・結晶炭酸ナトリウム
・結晶硫酸ナトリウム

3. 密度と比重

1. 密度

物質の単位体積（1〔cm^3〕等）あたりの質量をいう。

$$密度〔g/cm^3〕 = \frac{質量〔g〕}{体積〔cm^3〕}$$

参考 水は4〔℃〕で密度が最大になる。

※ 質量は重さと考えてよい。

物質は，加熱されて体積が膨張すると密度は小さくなる。

2. 比重

① **液比重**…ある物質の重さと同体積の水（1気圧，4〔℃〕）の重さを比べた割合をいう。

$$液比重 = \frac{物質の重さ}{4〔℃〕の水の密度〔g/cm^3〕} = \frac{物質の重さ}{1.00}$$

比重が同じであれば，同一体積の物体の質量は同じである。

② **蒸気比重**…ある蒸気の重さと，同じ体積の空気（0〔℃〕，1気圧）の重さを比べた割合をいう。

$$蒸気比重 = \frac{蒸気の重さ}{同体積の空気の重さ}$$

参考  乙種第4類危険物の発生する蒸気のほとんどが空気より重く，下部に滞留するので危険。

4. 熱とその移動

1. 熱量

温度の異なる物質を接触させると，熱は熱い物質から冷たい物質に伝わる。この伝わる熱のエネルギー量を熱量といい，単位にはジュール〔J〕を用いる。

1〔cal〕＝4.1855≒4.2〔J〕の関係がある。

> 熱　　量　＝　比熱　×　質量　×　上昇した温度
> ジュール〔J〕　〔J/gK〕　〔g〕　　　〔℃〕

2. 比熱

物質1〔g〕の温度を1〔K〕，または1〔℃〕だけ高めるのに必要な熱量を**比熱**という。

> 比熱〔J/gK〕　＝　熱容量　÷　質量

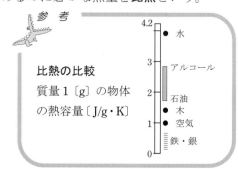

比熱の比較
質量1〔g〕の物体の熱容量〔J/g・K〕

・同じ重さの物質を同じように加熱しても，温度の上昇の度合が違うのは比熱が異なるからである。
・比熱が大きい物質は温まりにくく冷めにくい。
・水の比熱は固体，液体の中でもっとも大きい。
・比熱が大きいものは熱容量が大きい。

参　考
温度…－273〔℃〕を基準の0〔度〕として，セ氏温度目盛りと等しい割合で表した温度を**絶対温度**という。単位は〔**K**〕（ケルビン）。

3. 熱容量

ある物体の温度を1〔K〕（1〔℃〕）だけ高めるのに必要な熱量である。

> C　　＝　m　×　c
> 熱容量〔J/K〕　＝　質量　×　比熱

熱容量の大きいものは温まりにくく冷めにくい。

例題　比熱2.0J/〔g・K〕，0〔℃〕の油200〔g〕を10〔℃〕に温めたときの熱量はいくらか。

〔解説〕　2.0（油の比熱）×200（質量）×(10－0)（変化した温度）＝4,000〔J〕

答　4,000〔J〕

例題　ある液体50〔g〕を温度20〔℃〕から60〔℃〕まで高めるのに，1000〔J〕必要であった。この液体の比熱はいくらか。

〔解説〕　1000（熱量）＝比熱×50（質量）×(60－20)（変化した温度）

答　0.5〔J/g・K〕

4. 熱の移動

熱の移動の仕方には，**伝導**，**対流**，**放射（ふく射）**の3つがある。

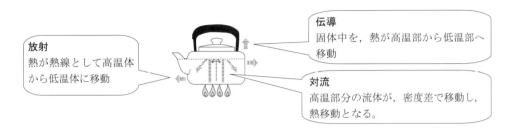

① 伝導

熱が物質中を伝って移動することを**伝導**という。この伝導の度合を表す数値を**熱伝導率**という。

- 熱伝導率の大きな物質は熱を伝えやすい。
- 熱伝導率が小さいものほど燃えやすい。
- 燃焼しにくい物質を粉末にすると，表面積が増大して見かけ上の熱伝導率が小さくなり，燃えやすくなる。
- 一般に熱伝導率は，固体＞液体＞気体の順に小さくなる。
- 一般に金属の熱伝導率は，他の固体の熱伝導率に比べて大きい。

熱伝導率 〔J/cm・s・K〕
(0〔℃〕から100〔℃〕)

物　質	熱伝導率
銀	4.18
銅	3.86
鉄	0.49
水	0.00582
灯油	0.00151
空気	0.00024

 アルミ鍋に水を入れ，ガスで加熱すると水が沸くのは，アルミニウムの板を通して熱が水に伝えられ温度が上昇するためである。

② 対流

液体や気体を加熱すると，温度が高くなり，膨張し軽くなって上昇する。温度の低い部分は重いため，下降する。このように温度差によって生ずる流動を**対流**という。

 風呂の湯が表面から熱くなったり，天気のよい日に上昇気流が発生したりするのは対流によるものである。

③ 放射（ふく射）

熱せられた物体が放射熱を出して，物質を媒介することなく他の物体に熱を与える現象を**放射**という。また，そのときに放射される熱を**放射熱**という。

 太陽のエネルギーで水を暖める事や，ストーブの周りが暖かくなることは，放射熱によるものである。

- 放射は直接熱が移動するので真空中でも伝わる。
- 放射熱は黒いものによく吸収される。
- 放射熱は白いものほど反射され，熱の吸収が少ない。

5. 熱膨張

一般に，物体に熱を加えると長さや体積が増加する。この現象を**熱膨張**という。熱膨張には線膨張と体膨張がある。

1. **線膨張**

    金属の棒など棒状物体の長さが熱によって伸びる変化をいう。

2. **体膨張**

    固体や液体の場合，温度上昇によって起こる体積の増加をいう。

    タンクや容器に空間容積を必要とするのは，収納された物質の体膨張による容器の破損を防ぐためである。

    体膨張率とは，液体の温度が1〔℃〕上昇するごとに増加する体積の割合をいう。

    > 膨張後の全体積＝ 元の体積 ＋ 増加体積
    > （元の体積×体膨張率×温度差）

    液体の体膨張率（20〔℃〕）

水	0.150×10^{-3}
オリーブ油	0.720×10^{-3}
ベンゼン	1.24×10^{-3}
ガソリン	1.35×10^{-3}

    〔冷所〕 容器いっぱいに入れておくと…！！ 〔炎天下〕

    > 〔例題〕 10〔℃〕で20,000〔ℓ〕のガソリンは，30〔℃〕になると何〔ℓ〕になるか。ただし，ガソリンの体膨張率を 1.35×10^{-3} とする。

    〔解説〕増加体積＝$20,000 \times 1.35 \times 10^{-3} \times (30-10)$
    　　　　　　　　＝$20,000 \times 0.00135 \times 20 = 540$〔ℓ〕

    求めるガソリンの量＝元の体積＋増加体積＝20,000＋540＝20,540

    答　20,540〔ℓ〕

3. **ボイル・シャルルの法則**

    ① **気体の体積と温度**

    　圧力が一定のとき，一定質量の気体の体積は，温度が1〔℃〕上昇すると0〔℃〕のときの体積の1/273ずつ膨張し，1〔℃〕下降すると1/273ずつ収縮する（**シャルルの法則**）。

    ② **気体の体積と圧力**

    　温度が一定のとき，一定質量の気体の体積は圧力に反比例する。例えば一定温度の下で気体を圧縮し，その圧力を2倍にすると体積は1/2になる（**ボイルの法則**）。

6. 物質の分類

すべての物質は次のように分類することができる。

- 物質
  - 純物質
    - 単体：1種類の元素からできている物質。

      例 酸素 (O_2), 水素 (H_2), 窒素 (N_2), 鉄 (Fe), 亜鉛 (Zn), リン (P)
      ナトリウム (Na), 銅 (Cu)

    - 同素体：単体でできている物質で, 性質のまったく違うもの。

      例
      - 炭素 (C) の同素体 → 黒鉛とダイヤモンド
      - 硫黄 (S) の同素体 → 斜方硫黄と単斜硫黄
      - 酸素 (O) の同素体 → 酸素とオゾン
      - リン (P) の同素体 → 赤リンと黄リン

    - 化合物：2種類以上の元素が結合してできている物質。

      例
      - 水 (H_2O)　　　　　→ 酸素と水素の化合物
      - エタノール (C_2H_5OH) → 炭素と酸素と水素の化合物
      - 二酸化炭素 (CO_2)　　→ 酸素と炭素の化合物
      - 食塩 (NaCl)　　　　→ ナトリウムと塩素の化合物

    - 異性体：分子式が同一で性質や分子内の構造が異なるもの。

      例 エタノールとジメチルエーテル
      　　オルトキシレンとメタキシレンとパラキシレン

  - 混合物：いくつかの単体や化合物が化学変化することなく混ざり合っているもの。
    灯油, 軽油, セルロイド, 砂糖水などがある。

    例
    - 空気 → 酸素, 窒素などの混合物　・海水 → 食塩, 水などの混合物
    - ガソリン・軽油 → 炭化水素の混合物

同位体：化学的性質は同じであるが, 中性子の数が違うため, 質量数が異なる**純物質**
　　　　例　水素（原子量は1）と重水素（原子量は2）

7. 物質の変化

1. 物理変化

形体が変化しても本来の物質の変化はない。

溶　解	水に食塩を溶かした状態。水に溶けているだけで食塩であることに変化はない。
分　離	・食塩水を加熱すると，水が蒸発して食塩が残る。 ・空気を液化して酸素と窒素を取り出す。
相の変化 （態の変化）	・水を加熱すると，水蒸気が発生する。すなわち，液体が気体になる。 ・ドライアイスを放置すると気体の二酸化炭素になる。 ・氷が溶けて水になる。 ・ゴマの種子を圧搾してごま油を作る。
熱の発生	・流れ星が大気圏に突入して燃え尽きるのは，空気との摩擦熱である。 ・水酸化ナトリウムを水に溶かしたとき発熱するのは溶解熱である。 ・ニクロム線に電気を通すと発熱する。
蒸　留	原油を加熱して，それぞれの成分の沸点の差を利用して，ガソリンや灯油，重油などに分離する。
静電気の発生	ガソリンが流体摩擦で静電気を発生する。

2. 化学変化（化学反応）

本来の物質の性質が変化して全く違った性質になること。

合　成	・塩素と水素の混合ガスに，紫外線が加わると塩化水素となる。 ・水素と酸素の混合ガスに火を着けると水になる。
酸　化	・炭素が酸素中で燃えて，二酸化炭素になる。 ・鉄くぎが錆びる。 ・アルコールが空気中で燃える。
還　元	酸化銅にコークスを加えて金属銅を製造する。
分　解	・水に少量の塩酸を加えて電気分解すると，陽極より酸素が，陰極より水素が発生する。 ・過酸化水素に二酸化マンガンを加えて酸素をつくる。
反応熱	化学変化（化学反応）に伴って発生，または吸収される熱を反応熱という。 　例えば塩酸と水酸化ナトリウムを混合すると，塩化ナトリウムと水が出来ると同時に熱（中和熱）が発生する。
化　合	2種類以上の物質が変化して，元の物質の性質と全く異なった物質ができること。 ・炭化カルシウムに水を加えアセチレンを作る。 ・メタンを空気中で燃やすと二酸化炭素と水になる。

8. 酸化と還元

1. 酸化

① 酸素と化合すること。　…　$C+O_2 \rightarrow CO_2$

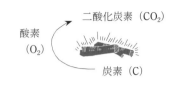

化学反応式は，C（炭素）は O_2（酸素）により酸化されて CO_2（二酸化炭素）になった。この場合，酸素のことを**酸化剤**という。

② ある物質から水素を奪い去る（失う）反応。　…　$H_2S \rightarrow S+H_2$

③ ある物質の元素が電子を離す反応。　…　$Fe^{2+} \rightarrow Fe^{3+}$　[2→3]

④ ある物質が電子を奪われる　…　$O^{2-} \rightarrow O_2^0$　[2→0]

酸化剤

- 他の物質を酸化させる物質を**酸化剤**という。
- 酸化剤には，酸素，過酸化水素，硝酸，硫酸，危険物第1類，第6類がある。

- 鉄を長い間放置しておくと錆びる。
- 水素が燃えると水になる。
- 炭が燃焼して二酸化炭素になる。
- ガソリンが燃焼して二酸化炭素と水蒸気になる。
- 黄リンが燃焼して五酸化リンになる。
- 硫黄が燃焼して二酸化硫黄になる。

2. 還元

酸化と逆の反応である。例えば金属の酸化物から酸素が奪われて金属に戻るような反応である。

① 酸素を失うこと。…$CuO \rightarrow Cu$

② 水素と化合すること。…$Cl_2 + H_2 \rightarrow 2HCl$

化学反応式は，Cl_2（塩素）は H_2（水素）により還元されて HCl（塩化水素）になった。この場合，水素のことを**還元剤**という。

③ 物質が電子を受けとること。

- 二酸化炭素が赤熱した炭素に触れて一酸化炭素になる。
- 酸化銅が水素で還元されて銅になる。
- 硫黄が水素で還元されて硫化水素になる。

還元剤

- 他の物質を還元させる物質を**還元剤**という。
- 還元剤には，水素，炭素，一酸化炭素，第2類危険物の硫黄，赤リン，第3類危険物のカリウム，ナトリウムがある。
- 還元剤は他の物質を還元させると同時に自らは酸化される。

3. 酸化と還元の同時性

1つの化学反応の中で酸化と還元は同時に起こる。

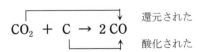

$$CO_2 + C \rightarrow 2CO$$

還元された / 酸化された

A物質がB物質によって酸化されるならば，同時にB物質は必ず還元されている。

9. 化学反応式と熱化学

1. 化学反応式

化学式を使って化学変化を表した式を**化学反応式**という。

> $2CO+O_2 \rightarrow 2CO_2$ の化学反応式について解説すると,

[解説] ① 一酸化炭素分子 CO 2個と酸素分子 O_2 1個が反応して,二酸化炭素分子 CO_2 2個ができる。

② CO 2〔mol〕と O_2 1〔mol〕が反応して CO_2 2〔mol〕ができる。

1〔mol〕とは…化学式量(分子量)に〔g〕をつけた重さ
0〔℃〕1〔atm〕で22.4〔ℓ〕を占める気体の体積

③ 一酸化炭素(分子量28)56〔g〕と酸素(分子量32)32〔g〕が反応して,二酸化炭素(分子量44)88〔g〕ができる。

④ 気体の体積と同じ温度,同じ圧力の下で測ると,2体積のCO(気体)と1体積の O_2(気体)が反応して,2体積の CO_2(気体)ができる。

2. 熱化学方程式

① **反応熱**…化学反応が起きるとき発生または吸収する熱量を反応熱という。熱が発生する化学反応を**発熱反応**,熱を吸収する化学反応を**吸熱反応**という。
　　反応熱の種類には**燃焼熱,生成熱,分解熱,中和熱,溶解熱,希釈熱**がある。

② **熱化学方程式**…化学反応式に反応熱を記入し,両辺を=(等号)で結んだ式を熱化学方程式という。
　　　発生する熱量(発熱反応)を+,吸収する熱量(吸熱反応)を-で表す。

> メタンの燃焼について熱化学方程式を解説すると,

[解説] メタンが燃焼して,二酸化炭素と水になるとき,
$CH_4+2O_2=CO_2+2H_2O+891$〔kJ〕
メタン1〔mol〕すなわち分子量が16なので16〔g〕,
0〔℃〕,1〔atm〕で22.4〔ℓ〕の気体を完全燃焼させると,891〔kJ〕の熱を出す。
例えば,メタン80〔g〕を完全燃焼させると,80/16=5〔mol〕なので
$891×5=4455$〔kJ〕の熱が出る。

10. 有機化合物

1. 有機化合物の特性

① 成分元素は主に**炭素，水素，酸素，窒素**である。

> **炭化水素**
> 炭素と水素からできている**有機化合物**で，**ガソリン，灯油，軽油，重油，石炭，木材**など数多くのものがある。

② 一般に可燃性である。
③ 一般に空気中で燃えて二酸化炭素と水を生じる。
④ 蒸発または分解して発生するガスが炎を上げて燃えることが多い。
⑤ 燃焼に伴って発生する明るい炎は，高温の炭素粒子が光っているものである。
⑥ 空気の量が少ないとき，分子中の炭素が多いとき，発生するすすの量が多くなる。
⑦ 一般に水に溶けにくく，有機溶剤（アルコール，エーテル等）によく溶ける。
⑧ 無機化合物に比べ融点及び沸点の低いものが多い。
⑨ 反応速度は小さく，またその反応が複雑である。
⑩ 無機化合物に比べ，比較にならないほど種類が多い。
⑪ 一般に電気を伝えない，電気の不良導体であるため摩擦等により静電気が発生しやすく，蓄積されやすい。
⑫ 多くは非電解質である。
⑬ 鎖式化合物と環式化合物の2つに大別される。

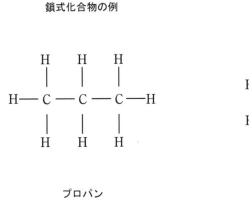

鎖式化合物の例

プロパン

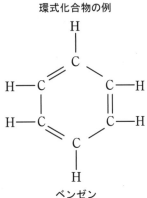

環式化合物の例

ベンゼン

11. 金属の性質

① 熱や電気をよく通す（熱伝導性がよい，電気伝導性がよい）。
② 針金や板に加工しやすい（延性や展性に富む）。
③ 光沢を持ち一般に融点が高く，常温（20〔℃〕）では固体である（水銀を除く）。
④ 一般に融点が高いが，100〔℃〕以下で溶融するものもある。
⑤ 金属の中には水より軽いものがある。　例　金属カリウム，金属ナトリウム
⑥ 炎を出して燃焼する金属もある。　例　アルミニウム，鉄粉，銅粉

1. イオン化傾向

イオン化傾向は，金属が溶けて陽イオンになる度合いをいう。

金属は水に触れると電子（e^-）を失って陽イオン（＋イオン）になる性質がある。
陽イオンになりやすい金属をイオン化傾向の大きなものといい**反応性が強い**。陽イオンになりにくい金属をイオン化傾向の小さなものという。

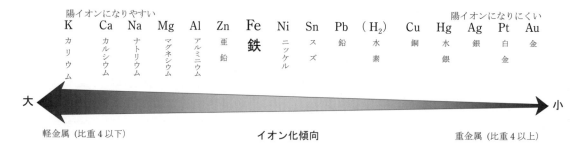

2. 鉄の腐食

① 異なった金属が接触すると，組み合わせによっては鉄の腐食が促進される。

> 上の図より，左にあるものほどイオン化傾向が大きく，酸化されやすい。また，電子親和力は小さいので，鉄より左にある金属（マグネシウム，アルミニウム，亜鉛など）と接続すると，鉄は防食作用を受ける。

② 強アルカリでないアルカリ性溶液中では鉄の腐食が進行する。

> 正常なコンクリート中はpH12以上の強アルカリ性環境が保たれており，鉄筋等は安定した不動態膜（薄い酸化物皮膜）で覆われている状態となり腐食が進行しない。

③ 温度，湿度の変化が大きいと，湿気が発生しやすくなり，水分により腐食が進む。
④ 酸性の強い環境では酸により鉄が腐食する。
⑤ 塩分（塩化物イオン）が多いと鉄の腐食が進行する。
⑥ 迷走電流が流れている土壌中等にある鉄は腐食が進行する。
⑦ 砂と粘土，コンクリートと土壌，乾燥した土と湿った土など違う土質の場所。

12. 酸と塩基

1. 酸（水に溶けて酸性を示す物質）

塩酸（HCl），酢酸（CH_3COOH）などの水溶液やレモンのしぼり液は**青色リトマス試験紙を赤く変え**，酸味を持っている。また，金属と反応して**水素**を発生する。このような物質を**酸**という。

これらの物質は電離（水に溶けて＋イオンと－イオンに分かれること）により水素イオン（H^+）を生じ，この H^+ が酸性を示す。

水素イオン（H^+）になる割合（電離度）の大きいものを**強酸**といい，塩酸，硝酸や硫酸などがあり，危険である。

2. 塩基（水に溶けてアルカリ性を示す物質）

水酸化ナトリウム（NaOH）やアンモニア水（NH_4OH）などの水溶液は，**赤色リトマス試験紙を青く変える**。

また，水溶液は**アルカリ性**を示し，その物質を**塩基**という。

特に水酸化ナトリウム，水酸化カリウム，水酸化カルシウム，水酸化バリウムなどは強塩基といい，危険である。

このような物質は電離して，水酸化イオン（OH^-）を生じ，OH^- がアルカリ性を示し，電離度が大きいほどアルカリ性の度合いが大きい。

3. 水素イオン濃度指数（pH） ペーハー，ピーエイチ

水溶液が酸性であるかアルカリ性であるか，また，その強さの度合を示す単位で，pH の数値は 0～14 まであり，7 が中性を示し，それよりも値が小さくなると，酸性が強くなる。また，7 よりも値が大きくなると，アルカリ性が強くなる。

4. 中和と塩

中和とは酸と塩基の水溶液が混合し，中性塩（エン）と水が生ずる反応である。

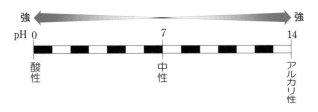

例　H_2SO_4 ＋ $2NaOH$ → Na_2SO_4 ＋ $2H_2O$
　　硫酸　　　水酸化ナトリウム　　硫酸ナトリウム　　水
　　（酸）　　　（塩基）　　　　　　（中性）

塩の水溶液すべてが中性の塩とは限らず，**酸性塩・塩基性塩**となる場合がある。

練習問題

物質の状態変化

【1】 用語の説明として，次のうち誤っているものはどれか。
(1) 固体が直接気体になる変化及びその逆の変化を昇華という。
(2) 固体の物質が空気中の水分を吸収して，その水に溶ける現象を潮解という。
(3) 液体が固体になる変化を融解という。
(4) 水が蒸発するような変化を気化という。
(5) 水が水素と酸素に分かれるような変化を分解という。

【2】 物質の状態変化について，次のうち誤っているものはどれか。
(1) 液体が固体になる変化を凝縮という。
(2) 固体のナフタリンが，直接気体になるような変化を昇華という。
(3) 氷が溶けて水になるような変化を融解という。
(4) 液体が気体になる変化を気化という。
(5) 気体が液体になる変化を液化という。

【3】 沸点について，次のうち誤っているものはどれか。
(1) 沸点は加圧すると低くなり，減圧すると高くなる。
(2) 標準沸点とは飽和蒸気圧が1気圧の外圧に等しくなるときの液温をいう。
(3) 一定圧における純粋な物質の沸点は，その物質固有の値を示す。
(4) 液体の飽和蒸気圧が外圧に等しくなるときの液温を沸点という。
(5) 不揮発性物質が溶け込むと液体の沸点は変化する。

【4】 沸点について，次のうち正しいものはどれか。
(1) 沸点は外圧が高くなれば低くなる。
(2) 水に食塩を溶かした溶液の1気圧における沸点は100〔℃〕より低い。
(3) 沸点の高い液体ほど蒸発しやすい。
(4) 沸点とは液体の飽和蒸気圧が外圧と等しくなったときの温度である。
(5) 可燃性液体の沸点はいずれも100〔℃〕より低い。

【5】 潮解の説明として，次のうち正しいものはどれか。
(1) 物質が空気中の水蒸気と反応して固化する現象。
(2) 物質が空気中の水蒸気と反応して性質の異なった2つ以上の物質になる現象。
(3) 溶液の溶媒が蒸発して，溶質が析出する現象。
(4) 物質の中に含まれている水分は放出されて粉末になる現象。
(5) 固体が空気中の水分を吸収して，その水に溶ける現象。

第1章 練習問題

【6】 次の語句の説明のうち，誤っているものはどれか。
(1) 沸点とは，液体の飽和蒸気圧と外圧が等しくなるときの液温をいう。
(2) 化合物とは，化合や分解などの化学変化によってできた2種以上の成分からなる物質をいう。
(3) 混合物とは，2種以上の単体や化合物が化学変化することなく混ざり合ったものをいう。
(4) 昇華とは，固体が直接気体になる現象または，その逆の現象をいう。
(5) 風解とは，固体が空気中の水分を吸収して，その水に溶ける現象をいう。

【7】 融点が－114.5〔℃〕で沸点が78.3〔℃〕の物質を－30〔℃〕及び70〔℃〕に保ったときの状態について，次の組合せのうち正しいものはどれか。

	－30〔℃〕のとき	70〔℃〕のとき
(1)	固 体	固 体
(2)	固 体	液 体
(3)	液 体	液 体
(4)	液 体	気 体
(5)	気 体	気 体

比重

【8】 比重についての説明として，次のうち誤っているものはどれか。
(1) 氷の比重は，1より小さい。
(2) ガソリンが水に浮かぶのは，ガソリンが水に不溶で，かつ比重が1より小さいからである。
(3) 第4類の危険物の蒸気比重は，一般に1より小さい。
(4) 物質の蒸気比重は，蒸気の重さと，同体積の空気の重さを比べた割合をいう。
(5) 水の比重は，4℃のときが最も大きい。

熱とその移動

【9】 比熱の説明として，次のうち正しいものはどれか。
(1) 物質1〔g〕が液体から気体に変化するのに要する熱量である。
(2) 物質に1〔J〕の熱を加えたときの温度上昇の割合である。
(3) 物質を圧縮したとき発生する熱量である。
(4) 物質1〔g〕の温度を1〔K〕（ケルビン）上昇させるのに必要な熱量である。
(5) 物質が水を含んだとき発生する熱量である。

【10】 熱に関する一般的な説明として，次のうち誤っているものはどれか。
(1) 比熱とは，物質1〔g〕の温度を1〔K〕（ケルビン）上昇させるのに必要な熱量をいう。
(2) 体膨張率は固体が最も小さく気体が最も大きい。
(3) 理想気体の体積は，圧力が一定で温度が1〔℃〕上昇すると0〔℃〕のときの体積の約273分の1ずつ膨張する。
(4) 比熱が小さい物質は温まりにくく冷めにくい。
(5) 熱伝導率の大きな物質は熱を伝えやすい。

【11】 熱容量について，次のうち正しいものはどれか。
(1) 物質の温度を 1〔K〕（ケルビン）だけ上昇させるのに必要な熱量である。
(2) 容器の比熱のことである。
(3) 物体に 4.2〔J〕（1〔cal〕）の熱を与えたときの温度上昇率のことである。
(4) 物質 1〔kg〕の比熱のことである。
(5) 比熱に密度を乗じたものである。

【12】 比熱が c で，質量が m の物体の熱容量 C を表す式として，次のうち正しいものはどれか。
(1) $C=mc^2$
(2) $C=m^2c$
(3) $C=mc$
(4) $C=m/c$
(5) $C=c/m$

【13】 ある液体 200〔g〕を 10〔℃〕から 35〔℃〕まで高めるのに必要な熱量として，次のうち正しいものはどれか。この液体の比熱は 1.26〔J/gK〕とする。
(1) 4.2〔kJ〕
(2) 6.3〔kJ〕
(3) 8.8〔kJ〕
(4) 21.0〔kJ〕
(5) 29.4〔kJ〕

【14】 熱の移動の説明として，次のうち誤っているものはどれか。
(1) ガスの炎の上の容器内の水が水の表面から温かくなるのは熱の伝導によるものである。
(2) 太陽熱によって地上のものが温められ温度が上昇するのは放射熱によるものである。
(3) 鉄棒の一端をローソクの炎で熱すると他端がやがて熱くなるのは熱の伝導によるものである。
(4) コップにお湯を入れるとコップが温かくなるのは熱の伝導によるものである。
(5) 冷房装置により冷やされた空気により室内全体が冷やされるのは熱の対流によるものである。

【15】 次の文章のうち正しいものの組合せはどれか。
　A　金属，プラスチック，木材，空気のうち熱伝導率の一番小さいものは空気である。
　B　熱伝導率が大きい物質ほど熱が蓄積されやすい。
　C　放射熱は，真空中でも伝わる。
　D　放射熱は，物体が黒いものほど熱を吸収しにくくなる。
　E　鉄の棒の先端を加熱したとき，他方の端が熱くなるのは，鉄の内部の対流によるからである。
(1) A と B　　(2) C と D　　(3) B と E　　(4) C と E　　(5) A と C

【16】 熱伝導率が最も小さいものは，次のうちどれか。
(1) アルミニウム　　(2) 水　　(3) 木材　　(4) 銅　　(5) 空気

第1章　練習問題

熱膨張

【17】 物質の物理的性質について、次のうち正しいものはどれか。
(1) 気体の膨張は、圧力に関係するが温度の変化には関係しない。
(2) 固体または液体は、1〔℃〕上がるごとに約273分の1ずつ体積を増す。
(3) 固体の体膨張率は、気体の体膨張率の3倍である。
(4) 水の密度は約4〔℃〕において最大となる。
(5) 液体の体膨張率は、気体の体膨張率よりはるかに大きい。

【18】 内容積1,000〔ℓ〕のタンクに満たされた液温15〔℃〕のガソリンを35〔℃〕まで温めた場合、タンク外に流出する量として、次のうち正しいものはどれか。
　　　ただし、ガソリンの体膨張率を1.35×10^{-3}とし、タンクの膨張及びガソリンの蒸発は考えないものとする。
(1) 1.35〔ℓ〕
(2) 6.75〔ℓ〕
(3) 13.50〔ℓ〕
(4) 27.0〔ℓ〕
(5) 54.0〔ℓ〕

【19】 液温0〔℃〕のガソリン1,000〔ℓ〕を徐々に温めると、1,020〔ℓ〕になった。この時の液温に最も近いものは、次のうちどれか。
　　　ただし、ガソリンの体膨張率を1.35×10^{-3}とし、ガソリンの蒸発は考えないものとする。
(1) 5〔℃〕
(2) 10〔℃〕
(3) 15〔℃〕
(4) 20〔℃〕
(5) 25〔℃〕

【20】 タンクや容器に液体の危険物を入れる場合、空間容積を必要とするのは、次のどの現象と最も関係があるか。
(1) 蒸発
(2) 酸化
(3) 還元
(4) 体膨張
(5) 熱伝導

【21】 0〔℃〕の気体を体積一定で加熱し続けたとき、圧力が2倍になる温度は、次のうちどれか。ただし、気体の体積は温度が1〔℃〕上がるごとに273分の1ずつ膨張する。
(1) 2〔℃〕　　　(2) 137〔℃〕　　　(3) 273〔℃〕　　　(4) 546〔℃〕　　　(5) 683〔℃〕

【22】 単体，化合物及び混合物について，次のうち誤っているものはどれか。
(1) 水は酸素と水素に分解できるので化合物である。
(2) 硫黄やアルミニウムは，1種類の元素からできているので単体である。
(3) 赤リンと黄リンは単体である。
(4) 食塩水は食塩と水の化合物である。
(5) ガソリンは種々の炭化水素の混合物である。

【23】 単体，化合物及び混合物について，次のうち正しいものはどれか。
(1) ナトリウム，アルミニウムなどは2種類以上の元素からできているので化合物である。
(2) 酸素は単体であるがオゾンは化合物である。
(3) エタノールはガソリンと同様に，種々の炭化水素の混合物である。
(4) 水は酸素と水素の化合物である。
(5) 空気は酸素と窒素の化合物である。

【24】 化合物と混合物について，誤っているものはどれか。
(1) 空気は主に窒素と酸素の混合物である。
(2) 食塩はナトリウムと塩素の化合物である。
(3) 灯油は種々の炭化水素の混合物である。
(4) エタノールは，炭素，水素及び酸素の化合物である。
(5) 二酸化炭素は炭素と酸素の混合物である。

【25】 次の組合せで，同素体に該当しないものはいくつあるか。
　A　赤リンと黄リン
　B　オルトキシレンとパラキシレン
　C　水素と重水素
　D　ダイヤモンドと黒鉛
　E　炭酸ガスとドライアイス
(1) なし　　(2) 1つ　　(3) 2つ　　(4) 3つ　　(5) 4つ

【26】 単体，化合物及び混合物について次の組合せのうち，正しいものはどれか。

	（単体）	（化合物）	（混合物）
(1)	酸素	空気	水
(2)	ナトリウム	ガソリン	ベンゼン
(3)	硫黄	エタノール	灯油
(4)	アルミニウム	食塩水	硫黄
(5)	水素	ジエチルエーテル	二酸化炭素

第1章　練習問題

物質の変化

【27】 次のA～Eのうち，化学変化に該当するものはいくつあるか。
  A　氷が溶けて水になった。
  B　ガソリンが燃焼して水と二酸化炭素になった。
  C　鉄が空気中でさびた。
  D　水に砂糖を溶かして砂糖水をつくった。
  E　亜鉛を塩酸に接触させたら水素が発生した。
  (1) なし　　(2) 1つ　　(3) 2つ　　(4) 3つ　　(5) 4つ

【28】 物質の変化を物理変化と化学変化に区分した場合，次のうち誤っているものはどれか。
  (1)　炭化カルシウムに水を加えアセチレンをつくる。……………… 化学変化
  (2)　過酸化水素水に二酸化マンガンを加え酸素をつくる。………… 化学変化
  (3)　原油を蒸留してガソリンをつくる。………………………………… 化学変化
  (4)　ゴマの種子を圧搾してゴマ油をつくる。………………………… 物理変化
  (5)　空気を液化して酸素と窒素を取り出す。………………………… 物理変化

【29】 次のA～Eについて，化学変化と物理変化の組合せとして，正しいものはどれか。

	化学変化	物理変化
(1)	A, B, D	C, E
(2)	A, D, E	B, C
(3)	A, C, E	B, D
(4)	B, C, D	A, E
(5)	B, C, E	A, D

  A　ドライアイスを放置しておくと昇華する。
  B　鉄がさびて，ぼろぼろになる。
  C　酸化第二銅を水素気流中で熱すると，金属銅が得られる。
  D　プロパンが燃焼して，二酸化炭素と水になる。
  E　ニクロム線に電気を通じると発熱する。

酸化と還元

【30】 酸化と還元について誤っているものはどれか。
  (1)　酸化物が酸素を失うことを還元という。
  (2)　反応する相手の物質によって酸化剤として作用したり還元剤として作用する物質もある。
  (3)　化合物が水素を失うことを酸化という。
  (4)　同一反応系において酸化と還元は同時に起こることはない。
  (5)　物質が酸素と化合することを酸化という。

【31】 次の文章の（ ）内のA～Eに入る語句として，誤っているものはどれか。
「物質が酸素と化合することを（A）されたといい，その結果できた化合物を（B）という。物質によってはこの化合が急激に進行し，著しく（C）し，しかも（D）を伴う。このことを特に（E）という。」
(1) A…酸化
(2) B…酸化剤
(3) C…発熱
(4) D…発光
(5) E…燃焼

【32】 酸化反応について，次のうち誤っているものはどれか。
(1) 酸素と化合する反応である。
(2) 水素が奪われる反応である。
(3) 電子が奪われる反応である。
(4) 酸素が奪われる反応である。
(5) 酸素数が増大する反応である。

【33】 酸化反応に該当するものは，次のうちどれか。
(1) 硫　黄　→　硫化水素
(2) 　水　　→　水蒸気
(3) 木　炭　→　一酸化炭素
(4) 黄リン　→　赤リン
(5) 濃硫酸　→　希硫酸

【34】 次のうち酸化反応でないものはどれか。
(1) ドライアイスが周囲から熱を奪い気体になる。
(2) 鉄が空気でさびて，ぼろぼろになる。
(3) 炭素が燃焼して，二酸化炭素になる。
(4) ガソリンが燃焼して，二酸化炭素と水蒸気になる。
(5) 硫黄が燃焼して，二酸化硫黄になる。

【35】 下線を引いた物質が還元されているのは，次のうちどれか。
(1) 銅が加熱されて酸化銅になった。
(2) 木炭が燃焼して二酸化炭素になった。
(3) メタンが燃焼して二酸化炭素と水蒸気になった。
(4) 二酸化炭素が赤熱した炭素に触れて一酸化炭素になった。
(5) 黄リンが燃焼して五酸化リンになった。

【36】 酸化剤と還元剤について次の説明で誤っているものはどれか。
(1) 他の物質を酸化させやすい性質のあるもの…酸化剤
(2) 他の物質に水素を与える性質のあるもの…還元剤
(3) 他の物質に酸素を与える性質のあるもの…酸化剤
(4) 他の物質を還元しやすい性質のあるもの…還元剤
(5) 他の物質から酸素を奪う性質のあるもの…酸化剤

熱化学方程式

【37】 炭素が完全燃焼するときの熱化学方程式は次のとおりである。
$$C + O_2 = CO_2 + 392.2 \,[kJ]$$
今,発生した熱量が 784.4〔kJ〕であったとすると,炭素は何〔g〕完全燃焼したことになるか。ただし,炭素の原子量を 12 とする。
(1) 12〔g〕 (2) 24〔g〕 (3) 36〔g〕 (4) 48〔g〕 (5) 60〔g〕

有機化合物

【38】 有機化合物について,次のうち誤っているものはどれか。
(1) 化合物の種類は非常に多いが,構成する元素の数は少ない。
(2) 蒸発又は分解して発生するガスが炎を上げて燃えることが多い。
(3) 空気の量が多いとき,発生するすすの量も多くなる。
(4) 電気をよく通す,電気の良導体である。
(5) 炭素原子が多数結合したものには,プロパンのような鎖状構造の他に、ベンゼンのような環状構造をもつものもある。

【39】 有機化合物に関する説明として,次のうち正しいものはどれか。
(1) 無機化合物に比べ,一般に融点が高い。
(2) 無機化合物に比べ,種類は少ない。
(3) ほとんどのものは水によく溶ける。
(4) 危険物の中には,有機化合物に該当するものはない。
(5) 完全燃焼すると,二酸化炭素と水蒸気になるものが多い。

金属の性質

【40】 金属の性質の特徴で誤っているものはどれか。
(1) 光沢がある。
(2) 電気をよく通す。
(3) 一般に融点が高い。
(4) 展性があるが,延性はほとんどない。
(5) 熱をよく通す。

【41】 金属の性質について次の記述のうち，誤っているものはどれか。
(1) すべての金属は水より重い。
(2) 一般に電気や熱を伝えやすい。
(3) 一般に固体であるが，常温（20〔℃〕）で液体のものもある。
(4) 一般に融点が高いが，100〔℃〕以下で溶融するものもある。
(5) イオン化傾向の大きい金属は，反応性が強い。

【42】 次の文章で誤っているものはどれか。
(1) イオン化傾向は，金属が溶けて陽イオンになる度合いである。
(2) イオン化傾向が大きい金属は，小さい金属よりイオンになりやすい。
(3) イオン化傾向の小さい金属ほど反応性が強い。
(4) 硫酸銅水溶液に鉄くぎを入れると，銅，金属が付着する。
(5) カリウムやナトリウムは常温で水と激しく反応する。

【43】 地下に埋設されている危険物配管を電気化学的な腐食から防ぐ方法として，異種金属を接続する方法がある。配管が鋼製の場合，接続する金属としての次のうち正しいものはどれか。
(1) 銅
(2) 鉛
(3) アルミニウム
(4) ニッケル
(5) スズ

酸と塩基

【44】 次の文章で誤っているものはどれか。
(1) 中和とは酸と塩基とが反応して塩と水を生じることをいう。
(2) 酸は水溶液中で電離して水素イオンを出し，酸性を示す。
(3) pH は，その溶液の酸性，アルカリ性の度合いを示すもので，数値が大きいほど酸性が高い。
(4) 中性の溶液は，pH の値が 7 である。
(5) アルコール類は水に溶けてもイオンに分かれないので，非電解質という。

【45】 次の文章で誤っているものはどれか。
(1) 硫酸や酢酸の水溶液は，青色リトマス紙を赤く変える。
(2) 水溶液がアルカリ性を示す物質を塩基という。
(3) 水溶液が酸性を示すのは，水溶液中に水酸化イオンを含むからである。
(4) 溶液の酸性の強弱は，溶液中の水素イオン濃度（pH の値）の大小による。
(5) 電離度が大きいほど，アルカリ性や酸性の度合いも大きくなる。

第 2 章

危険物の性質並びにその火災予防及び消火の方法

1. 燃焼・消火の基礎知識

1. 燃焼

燃焼とは，物質が**熱と光の発生を伴う化学反応**で，酸素と激しく結合する酸化反応である。鉄が錆びることも酸化反応であるが，熱と光が発生しないために燃焼にあたらない。

1. 燃焼の3要素

物質が燃焼するためには**可燃性物質**，**酸素供給源**，**点火源（熱源）**の3つの要素が必要であり，このうち1つでも欠けると燃焼は成立しない。また，燃焼は分子が次々に活性化されて継続的に酸化反応を続けることにより進行する。この連鎖反応を燃焼の要素に加えて**燃焼の4要素**ということもある。

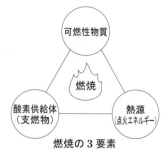

燃焼の3要素

1. 可燃性物質

燃える物質をいう。木材，石炭，ガソリン，一酸化炭素などがある。有機化合物のほとんどが可燃性物質である。

2. 酸素供給源

燃焼には酸素が必要である。空気中に約21〔％〕含まれるが，酸素供給源は空気とは限らず，物質中に酸素を含んだもの（第5類危険物）や分解により酸素を発生させる物質（第1類，第6類危険物）がある。

参 考
炭素の場合…
完全燃焼：酸素が十分に供給されると完全燃焼し，二酸化炭素が発生する
不完全燃焼：酸素が十分に供給されないと不完全燃焼し，一酸化炭素が発生する

酸素の性質		
・空気中に約21〔％〕	・酸化物の生成	・空気より重い（比重 1.1）
・無色無臭	・不燃性	・支燃性ガス
二酸化炭素の性質		
・無色無臭	・空気より重い	・不燃性
・水に溶けやすい	・毒性なし（窒息性あり）	・圧縮により容易に液化
一酸化炭素の性質		
・無色無臭	・空気より軽い	・燃える
・水に溶けない	・毒性あり	・還元性あり

参 考
空気の組成
①窒 素　78〔％〕
②酸 素　21〔％〕
③アルゴンほか　1〔％〕

3. 点火源（熱源）

燃焼するためのきっかけで，酸化反応を起こさせるためのエネルギーを与えるものである。点火源としては，**火気**，**電気・静電気・摩擦・衝撃等による火花**，**酸化熱**などがある。

2. 燃焼の形態

1. 気体の燃焼

- **混合燃焼** 最初から可燃性の気体と空気とを混合させてこれを噴出燃焼させる。
  - 例 都市ガスの燃焼
    　　プロパンガスの燃焼

空気と混合してそのまま燃焼する。
ガスバーナー

- **非混合燃焼** 可燃性の気体を空気中に噴出させ，可燃性の気体と大気中の空気とをその直後に混合させて拡散燃焼させる。
  - 例 ガソリンエンジンの起動

ガソリンの混合気を圧縮し，密閉して点火すると爆発し，エンジンが起動する。

点火　爆発　圧縮

2. 液体の燃焼

- **蒸発燃焼** 液体の表面から発生する蒸気（可燃性蒸気）が空気と混合して燃焼する。
  - 例 ガソリン，灯油

可燃性蒸気が燃えている
すき間
ガソリン

可燃性蒸気の性質
・無色
・特有の臭気
・目に見えない
・空気より重いので，低所に滞留する

3. 固体の燃焼

- **表面燃焼** 木炭，コークス等の可燃性固体が熱分解や蒸発をせずに，固体の表面から高温を保ちながら酸素と反応して燃焼する。

木炭

- **分解燃焼** 木材，石炭等の可燃性固体が熱分解し，そこで生じる可燃性ガスが燃焼する。

- **内部（自己）燃焼** セルロイド，ニトロセルロース，硝酸メチル等の第1類・第5類・第6類の危険物は分解して酸素を放出し，外部から酸素を供給されなくても燃焼が続く。

- **蒸発燃焼** 硫黄，固形アルコール等の可燃性固体が熱分解を起こさず，固体から蒸発した蒸気が燃焼する。

固形アルコール

3. 燃焼における物性

1. 燃焼範囲

可燃性蒸気と空気が一定の濃度で混合すると燃焼する。この濃度のことを燃焼範囲といい，可燃性蒸気の全体に対する**容量**〔%〕で表す。燃焼範囲の低濃度の方を**燃焼下限界**，高濃度の方を**燃焼上限界**といい，この範囲が広いほど，下限界の小さいものほど引火の危険が大きくなる。

たとえば，ガソリンの燃焼範囲が 1.4〔%〕～7.6〔%〕ということは，ガソリンと空気の混合気体の容積を 100 とすると，その中にガソリン蒸気が 1.4〔%〕～7.6〔%〕含まれている場合に点火すると燃焼する。

2. 引火点

引火点とは，点火源を近づけたとき，可燃性液体が引火するのに十分な濃度の蒸気を液面上に発生させる最低液温である。

3. 燃焼点

引火点では燃焼が継続されない。燃焼点は燃焼が継続される最低温度で，引火点より 10〔℃〕くらい高いものが多い。

4. 発火点

発火点とは，可燃物を空気中で加熱した場合，炎，火花等の点火源がなくても自ら燃えだすときの最低温度である。

4. 燃焼の難易

物質の燃焼は、**物性値**（物質が持っている性質をある尺度で表したもの）や条件で、燃焼のしやすさ（難易）が変わってくる。

1. 物性値が大きいほど燃えやすい
- 燃焼範囲
- 燃焼速度
- 燃焼熱
- 蒸気圧　⇨　一般に温度の上昇とともに蒸気圧は大きくなる。
- 火炎伝播速度
- 温度
- 酸素との結合力（化学的親和力）
- 空気（酸素）との接触面積　⇨　細かく粉砕されているものほど燃えやすい。

2. 物性値が小さいほど燃えやすい
- 燃焼範囲の下限界　⇨　少量のガスで燃焼や爆発が起こる。
- 引火点
- 発火点
- 最小着火エネルギー　⇨　着火爆発を起こし得る着火点の最小エネルギーをいう。
- 電気伝導度　⇨　伝導度が小さいことは電気を通し難いことで抵抗が大きいことである。静電気が発生しやすく帯電しやすい。
- 沸点　⇨　沸点が小さいほど低い温度で蒸気が発生し危険性が高くなる。
- 比熱　⇨　比熱が小さいほど少ない熱で温度が上がり危険性が高くなる。
- 熱伝導率　⇨　布に灯油が浸みこむと、熱伝導率が小さくなるので、火がつきやすい。

5. 自然発火

自然発火とは、物質が空気中で常温において自然に発熱し、その熱が長時間蓄積されて発火点に達することにより燃焼が起こる。

発熱原因	発熱物質
酸化熱	乾性油, 石炭, ゴム粉等
分解熱	ニトロセルロース, セルロイド等
吸着熱	木炭粉末, 活性炭, 原綿等
発酵熱	堆肥, ゴミ等

- 動植物油類の乾性油（ヒマワリ油、キリ油、アマニ油等）はヨウ素価が**高い**（不飽和結合が多い）ために空気中の酸素と結合しやすい。このとき発生した熱が蓄積されると自然発火を起こす。
- 粉末状、多孔質又は繊維状の物質は表面積が大きいので酸化されやすく、また熱伝導率が小さいので熱が蓄積されやすい。

自然発火
酸化熱
乾性油のしみた布

6. 静電気

- 静電気の火花放電は点火源となる。
- 摩擦電気ともいわれる。
- 静電気が蓄積しても発熱や蒸発はしない。
- 静電気は人体にも帯電する。

1. 静電気の発生

① 物質に発生した静電気は，そのすべてが蓄積するのではなく，一部の静電気は漏れ，残りの静電気が蓄積する。

② 静電気は，電気的に絶縁された2つの異なる物質が相接触して離れるときに片方に正（＋）の電荷が，他方には負（－）の電荷が帯電して発生する。

③ 静電気は**電気の不導体**（電気伝導度が小さい物質）に発生しやすく，石油系の各種原料や製品（合成樹脂，ガソリン，灯油，軽油，重油等）は電気絶縁性が大きいので，摩擦（送油作業）等により**静電気を発生しやすい**。

④ 静電気の発生，蓄積は**湿度が低い**（**乾燥している**）ときに発生しやすい。

> 参考
> 空気中に含まれる水蒸気の量を**湿度**といい，湿度が低いほど，物質に含まれる水分が蒸発しやすく物質が乾燥しやすい。
> **湿度が低いほど静電気が発生しやすく，蓄積しやすい。**

⑤ 一般にナイロンの衣類は木綿のものより静電気が発生しやすい。

2. 静電気による災害の防止

発生を少なくする方法		
・摩擦を少なくする。		
・接触する物質を選択する。	例	合成繊維はさける。
・導電性材料を使用する。	例	導線を巻き込んだホースを使用する。
・除電剤を使用する。	例	導電性塗料を塗る。
・送油作業では油の流速を小さくし，流れを乱さないこと。		

蓄積させないようにする方法		
・接地（アース）をする。		
・湿度（空気中に含まれる水蒸気の度合い）を高くする。		
・緩和時間をおいて放出中和する。	例	静置する。
・除電服，除電靴を着用する。		
・室内の空気をイオン化する。		

2. 消 火

　燃焼するためには燃焼の3要素である**可燃性物質**，**酸素供給源**，**点火源**（熱源）が必要であるため，消火するには，このうちの1つを取り除けばよい。これが**消火の3要素**である。
　また，これ以外に酸化反応を遮断する作用を利用した抑制（負触媒）消化がある。これを含めると**消火の4要素**になる。

1. 消火の種類

1. 除去消火

　可燃性物質を取り除いて消火する方法であり，油田火災において爆発の爆風により可燃性蒸気を吹き飛ばしたり，森林火災において延焼する可能性のある木を切り倒したりすることも除去消火に含まれる。

2. 窒息消火

　酸素の供給を絶つことにより消火する方法である。一般に空気中の酸素が一定濃度以下になれば燃焼は停止する。

・**不燃性の泡で燃焼物をおおう方法**

　空気又は二酸化炭素等を含む泡により，空気の供給を絶つ消火方法であるが，泡を溶解させるアルコール，アセトン等の燃焼には効果は期待できない。

・**ハロゲン化物の蒸気で燃焼物をおおう方法**

　ハロゲン化物がもつ窒息作用と抑制作用（負触媒作用）を利用する消火方法である。

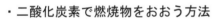

・**二酸化炭素で燃焼物をおおう方法**

　二酸化炭素による窒息消火である。

・**固体で燃焼物をおおう方法**

　土，砂，布団，むしろ等で燃焼物をおおうことによる窒息消火である。

3. 冷却消火

　点火源（熱源）から熱を奪い，引火点又は可燃性ガス発生温度以下にすることにより消火する方法である。消火剤として水が広く利用されている。

4. 抑制消火

　ハロゲン元素が酸化反応を抑制することを利用した燃焼の継続を絶つ消火方法である。

2. 消火剤の種類と適応火災

消火器の種類		消火剤の主成分	適応火災	主な消火効果
水消火器		水	A, (C)	冷却効果
酸・アルカリ消火器		硫酸と炭酸水素ナトリウム		
強化液消火器		炭酸カリウム	A, (B, C)	冷却, (抑制) 効果
化学泡消火器		炭酸水素ナトリウムと硫酸アルミニウム	A, B	窒息効果 冷却効果
機械泡消火器		合成界面活性剤泡又は水成膜泡		
ハロン1211消火器		ハロゲン化物	B, C	窒息効果 抑制効果
ハロン1301消火器				
ハロン2402消火器				
不活性ガス消火器		二酸化炭素(液化)	B, C	窒息, 冷却効果
粉末(ABC)消火器		リン酸アンモニウム	A, B, C	窒息, 抑制効果
粉末(BC)消火器	粉末(K)(Ku)消火器	炭酸水素カリウム 炭酸水素カリウムと尿素	B, C	窒息, 抑制効果
	粉末(Na)消火器	炭酸水素ナトリウム		

( ) － 霧状に放射する場合

火災の種類　A－普通火災(木材,紙類,繊維等)　B－油火災(可燃性液体,可燃性固体等)
　　　　　　C－電気火災(電線,変圧器,モーター等)

1. 水消火剤

- いたるところにあり,安価である。
- 蒸発熱,比熱が大きいので冷却効果が大きい。
- 水蒸気になると体積が約1,700倍に膨張するので窒息効果がある。
- 油類の火災に使用すると,水に油が浮き,火面を拡大する危険性があるので使用できない。
- 電気火災では棒状に使用すると感電することがある。
- 発熱,発火する危険物には使用できない。
- 水による損害が比較的大きい。

油火災に水を使うと
火面が広がるので危険

2. 酸・アルカリ消火剤

- 炭酸水素ナトリウム水溶液と硫酸を反応させた二酸化炭素を圧力源として放射する。
- 炭酸水素ナトリウム水溶液は経年劣化するので定期的に詰め替えが必要である。

3. 強化液消火剤

- 炭酸カリウム(アルカリ金属塩)の濃厚な水溶液である。
- 凝固点が低いので寒冷地でも使用できる。
- 霧状にした場合は抑制効果により油,電気火災にも有効である。
- 冷却効果のほかには抑制効果,再燃防止効果もある。

4. 泡消火剤
- 炭酸水素ナトリウム，硫酸アルミニウム，水成膜泡，合成界面活性剤泡等で燃焼物をおおうことにより窒息効果と，成分としての水による冷却効果がある。
- 電気火災には感電の恐れがあるので使用できない。

5. ハロゲン化物消火剤
- ハロゲン化物は熱により蒸発し，空気より重い不燃性ガスとなり窒息，抑制効果がある。
- ハロゲン化物は電気の不良導体のために電気火災に使用できる。
- 固体の表面に付着しにくいので普通火災には使用できない。
- ハロゲン化物は一般にハロン 1301，ハロン 2402 が用いられている。

6. 二酸化炭素消火剤
- 空気より重い不燃性ガスによる窒息効果と，蒸発熱による冷却効果がある。
- 室内で使用すると酸欠状態になる。
- 二酸化炭素は電気の不良導体のために電気火災に使用できる。
- 固体の表面に付着しにくいので普通火災には使用できない。

7. 粉末消火剤
- ABC 消火剤（リン酸水素アンモニウム），BC 消火剤（炭酸水素ナトリウム等）を粉末状にしたもので燃焼物の表面をおおうことにより窒息，抑制効果で消火する。
- 薬剤は電気の不良導体のために電気火災に使用できる。
- ABC 消火剤は普通火災に使用できるが，BC 消火剤は使用できない。

3. 消火方法と消火剤のまとめ

1. 第 4 類危険物の火災に効果的な消火剤
① 泡消火剤（**アルコール**，**アセトン**等は普通の泡では溶解するために**耐アルコール泡**を使用）
② 不活性ガス消火剤　　③ 粉末消火剤　　④ 蒸発性液体消火剤
⑤ 霧状放射の強化剤

2. 第 4 類危険物の火災に不適当な消火剤
① 棒状放射の水や霧状放射の水
② 棒状放射の強化剤

> 参考　これらの消火剤による消火方法は油面を広げ，火災が広がる。

3. 感電するため電気火災に不適当な消火方法
① 泡消火剤による消火
② 棒状放射の強化剤による消火
③ 棒状放射の水による消火

練習問題

> 燃　焼

【1】　燃焼の一般論について，次のうち誤っているものはどれか。
(1)　燃焼は発熱，発光を伴う酸化反応である。
(2)　可燃物はどんな場合でも空気がなければ燃焼しない。
(3)　可燃物と空気が接触していても，着火エネルギーが与えられなければ燃焼は起こらない。
(4)　液体の可燃物は，沸点が低いものは火がつきやすい。
(5)　固体の可燃物は，細かく粉砕されているものは火がつきやすい。

【2】　燃焼の3要素がそろっている組合せは，次のうちどれか。
(1)　水　　　　　　空気　　　　　　熱
(2)　空気　　　　　硝酸　　　　　　炎
(3)　二酸化炭素　　炭素　　　　　　電気火花
(4)　プロパン　　　炭素　　　　　　静電気火花
(5)　ガソリン　　　酸素　　　　　　電気火花

【3】　次の文の（　）内のA～Cに当てはまる語句の組合せはどれか。
「燃焼は（ A ）と（ B ）の発生を伴う（ C ）である。」

	A	B	C
(1)	熱	煙	還元反応
(2)	熱	光	還元反応
(3)	炎	煙	分解反応
(4)	炎	熱	分解反応
(5)	熱	光	酸化反応

【4】　燃焼に関する説明として，次のうち誤っているものはどれか。
(1)　可燃物，酸素供給源及び点火源を燃焼の3要素という。
(2)　二酸化炭素は可燃物ではない。
(3)　気化熱や融解熱は点火源になる。
(4)　酸素供給源は必ずしも空気とは限らない。
(5)　金属の衝撃火花や静電気の火花放電は点火源になることがある。

【5】　酸素について，次のうち誤っているものはどれか。
(1)　通常，無味無臭の気体である。
(2)　非常に燃えやすい物質である。
(3)　酸素が多く存在すると，可燃性の燃焼が激しい。
(4)　空気中には約21〔％〕（容量）含まれている。
(5)　過酸化水素などの分解によっても得られる。

第2章　練習問題

燃焼の形態

【6】　次のA～Eの物質のうち，1気圧，常温において燃焼形態が蒸発燃焼である組合せはどれか。
　　A　灯油　　　　B　木炭　　　　C　プロパンガス　　　D　硫黄　　　　E　石炭
　(1)　AとC　　(2)　BとD　　(3)　CとE　　(4)　AとD　　(5)　BとE

【7】　燃焼に関する説明として，次のうち誤っているものはどれか。
　(1)　ニトロセルロースは，分子内に多量の酸素を含有し，その酸素が燃焼に使われる。これを内部燃焼という。
　(2)　木炭は熱分解や気化することなく，そのまま高温状態となって燃焼する。これを表面燃焼という。
　(3)　硫黄は融点が発火点より低いため融解し，更に蒸発して燃焼する。これを分解燃焼という。
　(4)　石炭は熱分解によって生じた可燃性ガスがまず燃焼する。これを分解燃焼という。
　(5)　エタノールは，液面から発生した蒸気が燃焼する。これを蒸発燃焼という。

【8】　次の文の（　）内のA～Cに当てはまる語句の組合せはどれか。
　　「木炭が完全燃焼をすると（A）を生じるが，不完全燃焼の場合は（B）も生じる。また，炭素と水素の化合物である炭化水素が完全燃焼すると（A）のほかに（C）も生じる」

	A	B	C
(1)	灰	二酸化炭素	水
(2)	水蒸気	二酸化炭素	一酸化炭素
(3)	一酸化炭素	灰	二酸化炭素
(4)	二酸化炭素	一酸化炭素	水蒸気
(5)	水	水蒸気	一酸化炭素

燃焼の難易

【9】　燃焼の難易に関する説明として，次のうち正しいものはどれか。
　(1)　空気との接触面積が大きいものほど燃えやすい。
　(2)　熱伝導率の大きいものほど燃えやすい。
　(3)　密度が大きいものほど燃えやすい。
　(4)　可燃性ガスの発生が少ないものほど燃えやすい。
　(5)　水分の含有量が多いものほど燃えやすい。

【10】　危険物の性質のうち，燃焼のしやすさに直接関係のないものは次のうちどれか。
　(1)　引火点が低いこと。　　　　(2)　発火点が低いこと。
　(3)　酸素と結合しやすいこと。　(4)　燃焼範囲が広いこと。
　(5)　気化熱が大きいこと。

【11】　燃焼の難易と直接関係のないものは，次のうちどれか。
　(1)　体膨張率　　(2)　熱伝導率　　(3)　発熱量　　(4)　空気との接触面積　　(5)　含水量

燃焼における物性

【12】 可燃性液体の危険性は，その物質の物理的，化学的性質を知り，物性の数値の大小によって判断できる。次のうち数値が大きい程危険であるものはどれか。
(1) 電気伝導度
(2) 引火点
(3) 火炎伝播速度
(4) 燃焼範囲の下限界
(5) 最小着火（発火）エネルギー

【13】 次の文についての記述として，正しいものはどれか。
「ある可燃性液体の引火点は，50〔℃〕である。」
(1) 液温が50〔℃〕になると発火する。
(2) 気温が50〔℃〕になると自然に発火する。
(3) 気温が50〔℃〕になると燃焼可能な濃度の蒸気を発生する。
(4) 液温が50〔℃〕になると液面に点火源を近づければ，火がつく。
(5) 液温が50〔℃〕になると蒸気を発生し始める。

【14】 引火点の説明として，次のうち正しいものはどれか。
(1) 可燃性液体を空気中で燃焼させるのに必要な熱源の温度をいう。
(2) 可燃物から，その蒸発を発生させるのに必要な最低の気温をいう。
(3) 可燃物を空気中で加熱したとき，他から点火されなくても燃え出すときの液温をいう。
(4) 可燃性液体が空気中で点火したとき，燃えだすのに必要な最低の濃度の蒸気が，液面上に発生する液温をいう。
(5) 発火点と同じもので，その可燃物が気体または液体の場合に引火点といい，固体の場合には発火点という。

【15】 次の表に揚げる性質を有する可燃性液体について，正しいものはどれか。

液 比 重	0.87
蒸気比重	3.1
引 火 点	4.4〔℃〕
発 火 点	480〔℃〕
沸 点	111〔℃〕

(1) 空気中で引火するのに十分な濃度の蒸気を液面上に発生する最低の液温は，4.4〔℃〕である。
(2) この液体2〔kg〕の容量は1.74〔ℓ〕である。
(3) 炎を近づけても，480〔℃〕になるまでは燃焼しない。
(4) 111〔℃〕になるまでは，飽和蒸気圧を示さない。
(5) 発生する蒸気の重さは空気の重さの約3分の1である。

【16】 可燃性蒸気の燃焼範囲の説明として，次のうち正しいものはどれか。
(1) 燃焼するのに必要な酸素量の範囲のことである。
(2) 燃焼によって被害を受ける範囲のことである。
(3) 空気中において，燃焼することができる可燃性蒸気の濃度範囲のことである。
(4) 可燃性蒸気が燃焼を開始するのに必要な熱源の温度範囲のことである。
(5) 燃焼によって発生するガスの濃度範囲のことである。

【17】 次の文から，引火点及び燃焼範囲の下限界の数値として考えられる組合せは（1）〜（5）のうちどれか。

「ある引火性液体は，液温40〔℃〕で液面付近に濃度8〔%〕（容量）の可燃性蒸気を発生した。この状態でマッチの火を近づけたところ，引火した。」

	引火点	燃焼範囲の下限界
(1)	25〔℃〕	10〔%〕（容量）
(2)	30〔℃〕	6〔%〕（容量）
(3)	35〔℃〕	12〔%〕（容量）
(4)	40〔℃〕	15〔%〕（容量）
(5)	45〔℃〕	4〔%〕（容量）

【18】 次の文を正しく説明しているものはどれか。

「ガソリンの燃焼範囲の下限値は1.4〔%〕（容量）である。」

(1) 空気100〔ℓ〕にガソリン蒸気1.4〔ℓ〕を混合した場合は点火すると燃焼する。
(2) 空気100〔ℓ〕にガソリン蒸気1.4〔ℓ〕を混合した場合は長時間放置すれば自然発火する。
(3) 内容積100〔ℓ〕の容器内に空気1.4〔ℓ〕とガソリン蒸気98.6〔ℓ〕の混合気体が入っている場合は，点火すると燃焼する。
(4) 内容積100〔ℓ〕の容器中にガソリン蒸気1.4〔ℓ〕と空気98.6〔ℓ〕の混合気体が入っている場合は，点火すると燃焼する。
(5) ガソリン蒸気100〔ℓ〕に空気1.4〔ℓ〕を混合する場合は，点火すると燃焼する。

【19】 次の性状を有する可燃性液体で，正しいものはどれか。

引火点	−18〔℃〕
沸点	56.5〔℃〕
液比重	0.79
燃焼範囲	2.6〜12.8〔%〕（容量）
蒸気比重（空気＝1）	2.0

(1) この液体の蒸気35〔%〕（容量），空気65〔%〕（容量）からなる均一な混合気体が入っている容器内に，火花を飛ばしても火はつかない。
(2) 常温（20〔℃〕）では，炎，火花などを近づけても火はつかない。
(3) 56.5〔℃〕になるまでは可燃性の蒸気は発生しない。
(4) この液体の蒸気の重さは空気の重さの2分の1である。
(5) この液体2〔kg〕の容量は1.58〔ℓ〕である。

【20】 次の文の（　）内のA～Eに当てはまる語句の組合せはどれか。

「可燃性液体の燃焼は，その蒸気と（ A ）との混合気体の燃焼である。この混合気体は蒸気の濃度が濃すぎても薄すぎても（ B ）。

可燃性液体の蒸気は空気より（ C ）ものが多い。従って床面，地盤面などに沿って（ D ）流れ，遠くまで達することがある。また，くぼみがあると，（ E ）することがあり，危険である。」

	A	B	C	D	E
(1)	酸素	燃焼する	重い	低く	蒸気を発生
(2)	空気	燃焼する	軽い	低く	滞留
(3)	空気	燃焼しない	重い	低く	蒸気を発生
(4)	水素	燃焼する	軽い	高く	蒸気を発生
(5)	空気	燃焼しない	重い	低く	滞留

【21】 発火点について，次のうち正しいものはどれか。
(1) 可燃性物質を空気中で加熱した場合，炎，火花などを近づけなくても，自ら燃え出すときの最低温度をいう。
(2) 可燃性物質から継続的に可燃性気体を発生させるのに必要な温度をいう。
(3) 可燃性物質を燃焼させるのに必要な，点火源の最低温度をいう。
(4) 可燃性物質が燃焼範囲の上限界の濃度の蒸気を発生するときの液温をいう。
(5) 可燃性物質を加熱した場合，空気がなくても，自ら燃え出すときの最低温度をいう。

自然発火

【22】 次の自然発火に関する文のA～Eに当てはまる語句の組合せはどれか。

「自然発火とは，他から火源を与えないでも，物質が空気中で常温において自然に（ A ）し，その熱が長時間蓄積されて，ついに（ B ）に達し，燃焼を起こすに至る現象である。自然発火性を有する物質が，自然に発熱を起こす原因として，（ C ），（ D ）吸着熱，重合熱，発酵熱などが考えられる。

多孔質，粉末状または繊維状の物質が自然発火を起こしやすいのは，空気に触れる面積が大で，酸化を受けやすいと同時に，（ E ）が小で保温効果が働くために熱の蓄積が行われやすいからである。」

	A	B	C	D	E
(1)	発熱	引火点	分解熱	酸化熱	熱伝導度
(2)	酸化	発火点	燃焼熱	生成熱	電気伝導度
(3)	発熱	発火点	酸化熱	分解熱	熱伝導度
(4)	酸化	燃焼点	燃焼熱	生成熱	燃焼速度
(5)	発熱	引火点	分解熱	酸化熱	電気伝導度

第2章　練習問題

静電気

【23】　静電気について，次のうち誤っているものはどれか。
(1)　静電気による火災には，燃焼物に適応した消火方法をとる。
(2)　静電気の蓄積防止策として，タンク類などを電気的に絶縁する方法がある。
(3)　静電気の発生，蓄積を少なくするには，液体等の流速，かくはん速度などを遅くする。
(4)　静電気は一般に電気の不導体の摩擦等により発生する。
(5)　静電気の発生，蓄積は湿度の低いときに起こりやすい。

【24】　静電気について，次のうち誤っているものはどれか。
(1)　静電気の火花放電は，可燃性の蒸気や粉塵が浮遊するところでは，しばしば点火源となる。
(2)　静電気は固体だけでなく，液体にも帯電する。
(3)　静電気の蓄積防止策として接地する方法がある。
(4)　静電気が蓄積すると，放電火花を起こすことがある。
(5)　引火性液体に静電気が蓄積すると，蒸発しやすくなる。

【25】　静電気に関する記述として，A～Eのうち，誤っているものはいくつあるか。
　A　物体に帯電した静電気はすべて蓄積される。
　B　静電気は，人体にも帯電する。
　C　液体や粉体などが流動するときは，静電気が発生しやすい。
　D　物質に静電気が蓄積すると電気分解が起こり，水素や酸素などが発生する。
　E　一般的にナイロンの衣類は，木綿のものより静電気が発生しやすい。
(1)　1つ
(2)　2つ
(3)　3つ
(4)　4つ
(5)　5つ

【26】　静電気の発生を抑制し，または蓄積を防止する方法として，次のうち誤っているものはどれか。
(1)　設備や器具等を接地する。
(2)　容器またはパイプには，導電性の高い物質を使用する。
(3)　緩和時間をおいて放出中和する。
(4)　配管やホースによる液体などの移送は，流速をできるだけ速くして行う。
(5)　空気をイオン化し，帯電体表面の電荷を中和させる。

第2章　危険物の性質並びにその火災予防及び消火の方法

消　火

【27】　消火について，次のうち誤っているものはどれか。
(1)　内部（自己）燃焼性の物質には，空気の遮断による消火方法が有効である。
(2)　可燃性の液体は窒息効果による消火作用が期待できる。
(3)　燃焼の3要素のうち，1つの要素を取り除けば消火できる。
(4)　窒息効果による消火とは，酸素濃度を低下させて消火することである。
(5)　可燃性の液体は，液温を引火点以下にすれば蒸気の発生を抑制でき，消火できる。

【28】　火災と，その火災に適応する消火器との組合せとして，次のうち誤っているものはどれか。
(1)　電気火災 ……………… 泡消火器
(2)　油火災 ………………… 不活性ガス消火器
(3)　電気火災 ……………… ハロゲン化物消火器
(4)　普通火災 ……………… 強化液消火器
(5)　油火災 ………………… 粉末（リン酸塩類）消火器

【29】　消火方法と，その主な消火効果との組合せとして，次のうち正しいものはどれか。
(1)　容器内の灯油が燃えていたので，ふたをして消した。……………………… 窒息効果
(2)　少量のガソリンが燃えていたので，二酸化炭素消火器で消した。………… 除去効果
(3)　容器内の軽油が燃えていたので，ハロゲン化物消火器で消した。………… 冷却効果
(4)　天ぷら鍋の油が燃えていたので，粉末消火器で消した。…………………… 冷却効果
(5)　油ぼろが燃えていたので，乾燥砂で覆って消した。………………… 抑制（負触媒）効果

【30】　消火設備の消火剤とその主たる消火効果について、次のうち誤っているものはどれか。
(1)　水 ……………… 冷却効果が大きく、また蒸発するとき気化熱を奪って周囲の温度を下げる。
(2)　強化液 ………… 炭酸カリウムの水溶液で，主に水による冷却効果と溶液中のアルカリ金属の負触媒効果（抑制効果）がある。
(3)　泡 ……………… 炭酸水素ナトリウム、硫酸アルミニウム、水成膜泡、合成界面活性剤泡等があり、窒息効果と冷却効果がある。
(4)　消火粉末 ……… 炭酸水素ナトリウム、炭酸水素カリウム、及びリン酸二水素アンモニウム等を主成分とした無機化合物を粉末状にしたものであり、窒息効果と負触媒効果（抑制効果）がある。
(5)　二酸化炭素 …… 容器に液体で充填されており、放出時に気化して燃焼の連鎖反応を断ち切る負触媒効果（抑制効果）がある。

【31】　消火剤について，次のうち誤っているものはどれか。
(1)　泡消火剤は，感電の恐れがあるので電気火災には使用できない。
(2)　二酸化炭素消火剤は不燃性ガスであり，空気より重い性質を利用した消火剤である。
(3)　リン酸塩類を主成分とする消火粉末は，電気設備の火炎のみに対応する。
(4)　強化液消火剤は，アルカリ金属塩の濃厚な水溶液であり，冷却効果と再燃防止効果がある。
(5)　水は比熱，気化熱がともに大きいため，冷却効果が大きい。

第2章　練習問題

【32】　窒息消火に関する説明として，次のうち誤っているものはどれか。
(1)　二酸化炭素を放射して，燃焼物の周囲の酸素濃度を約14～15〔％〕（容量）以下にすると窒息消火する。
(2)　水溶性液体が燃焼している場合に注水して消火することがあるが，この主たる消火効果は窒息である。
(3)　燃焼物に注水した場合に発生する水蒸気は，窒息効果もある。
(4)　一般に不燃性ガスによる窒息消火は，そのガスが空気より重い方が効果的である。
(5)　内部燃焼性の物質に対しては，窒息消火は効果がない。

【33】　水が消火剤として優れている理由として，次のうち誤っているものはどれか。
(1)　容易に入手できること。
(2)　凝固点が高いこと。
(3)　液体であること。
(4)　比熱と蒸発熱が大きいこと。
(5)　水蒸気が酸素濃度を薄めること。

【34】　二酸化炭素消火設備は室内から人を退室させてから，放出しなければならない。その理由として，次のうち正しいものはどれか。
(1)　二酸化炭素と危険物が反応して有毒ガスを発生する場合があるから。
(2)　多量の二酸化炭素により室内が酸欠状態になるから。
(3)　二酸化炭素が放出されるとき，ドライアイスが生成して，凍傷になることがあるから。
(4)　二酸化炭素が熱分解してフラッシュオーバーを起こすことがあるから。
(5)　危険物に二酸化炭素が溶解して突沸現象を起こすことがあるから。

【35】　消火に関する説明として，次のうち誤っているものはどれか。
(1)　ハロゲン化物による消火は，主として冷却効果によるものである。
(2)　機械泡（空気泡）による油火災の消火は，主として窒息効果によるものである。
(3)　水は比熱及び気化熱が大きいため，冷却効果が大きい。
(4)　リン酸塩の消火粉末は，普通火災，油火災及び電気火災に使用できる。
(5)　二酸化炭素の主たる消火効果は窒息である。

【36】　容器内で燃焼している動植物油に注水すると危険な理由として，最も適切なものは次のうちどれか。
(1)　水が容器の底に沈み，徐々に油面を押し上げるから。
(2)　高温の油水混合物は，単独の油より燃焼点が低くなるから。
(3)　注水が空気を巻き込み，火炎及び油面に酸素を供給するから。
(4)　油面をかき混ぜ，油の蒸発を容易にさせるから。
(5)　水が激しく沸騰し，燃えている油を飛散させるから。

【37】　二酸化炭素消火剤の特性として次のうち誤っているものは，次のうちどれか。
(1)　空気より重い不活性ガスであるため，燃焼物周囲の空気中の酸素濃度を減少させる効果がある。
(2)　電気を通しやすいので，電気設備の火災に使用してはならない。
(3)　常温（20〔℃〕）では，圧縮すると比較的容易に液化する。
(4)　ノズルから放射されるときに冷却されて，ドライアイスを生成することがある。
(5)　無色無臭・高温で分解し，有毒な一酸化炭素を生成することがある。

2. 乙種危険物の性質

1. 危険物の類ごとに共通する性質

消防法で**危険物**とは,「別表の品名欄に揚げる物品で,同表に定める区分に応じ同表の性質欄に掲げる性状を有するもの」と定められ,**第1類から第6類**までに分類される。

参 考
危険物には,同一の物品であっても,形状及び粒度によって危険物になるものとならないものがある。

危険物の類ごとに共通する性質

類別	性質	性状	燃焼性	特性
第1類	酸化性固体	固体	不燃性	**自らは燃焼しない**が,他の物質を酸化させる酸素を多量に含有しており,加熱,衝撃,摩擦などにより分解し酸素を放出しやすい。
第2類	可燃性固体	固体	可燃性	比較的低温で着火または引火の危険性がある強還元性の固体で,燃焼が速いため消火が困難である。
第3類	自然発火性物質及び禁水性物質	液体又は固体	可燃性 (一部不燃性)	空気にさらされると自然に発火し,または水と接触して発火,もしくは可燃性ガスを発生する。
第4類	引火性液体	液体	可燃性	**引火性を有する液体**
第5類	自己反応性物質	液体又は固体	可燃性	燃焼に必要な酸素を含んでおり,外部からの酸素の供給がなくても燃焼するものが多い。加熱による分解などの自己反応により,多量の熱を発生し,または爆発的に反応が進行する。
第6類	酸化性液体	液体	不燃性	**自らは燃焼しない**が,混在する他の可燃物の燃焼を促進する性質をもつ強酸化性の液体

※ 1. 液体とは,1気圧・温度20〔℃〕で液体であるもの,または,温度20〔℃〕を超え40〔℃〕以下の間において液状となるものをいう。

2. 固体とは液体または気体(1気圧・温度20〔℃〕で気体状であるもの)以外のものをいう。

2. 第4類危険物の共通する特性

第4類危険物は**引火性液体**の性状を有するもので，引火性液体とは定められた引火点測定器で引火点を測定する試験において引火点を有する液体である。

品　名	性　質	主 な 物 品 名
特殊引火物	非水溶性	二硫化炭素
	水溶性	ジエチルエーテル※，アセトアルデヒド，酸化プロピレン
第1石油類	非水溶性	ガソリン，ベンゼン，トルエン，n－ヘキサン，メチルエチルケトン，酢酸エチル
	水溶性	アセトン，ピリジン，ジエチルアミン
アルコール類	水溶性	メタノール，エタノール，n‐プロピルアルコール，イソプロピルアルコール
第2石油類	非水溶性	灯油，軽油，n‐ブチルアルコール，キシレン，クロロベンゼン
	水溶性	酢酸，プロピオン酸，アクリル酸
第3石油類	非水溶性	重油，クレオソート油，アニリン，ニトロベンゼン
	水溶性	エチレングリコール，グリセリン
第4石油類	非水溶性	ギヤー油，シリンダー油，タービン油
動植物油類	非水溶性	**不乾性油**…ヤシ油，オリーブ油，パーム油，ヒマシ油 **半乾性油**…ナタネ油，米ヌカ油，ゴマ油，ニシン油，大豆油 **乾 性 油**…ヒマワリ油，キリ油，イワシ油，アマニ油，エノ油

※　ジエチルエーテルのみわずかに水溶性を有する。

(1) 共通する特性

・引火性の液体である。
　⇨　液体は流動性があり，火災が拡大する危険性がある。
　⇨　蒸気が空気と混合すると火気等により引火，爆発の危険性がある。

・燃焼下限界が低いもの，燃焼範囲が広いものがある。

・沸点，引火点，発火点が低いものがある。
　⇨　蒸気が発生しやすいので引火の危険性がある。

・発火点が低いものがある。
　⇨　二硫化炭素 90℃，アセトアルデヒド 175℃，ジエチルエーテル 160℃などは，火源がなくても加熱されただけで発火するものもあるので，温度管理が重要である。

- 蒸気比重が1より大きい（空気より重い）。
  - ⇨ 蒸気は低所に停留または低所に流れる。このため，遠く離れた場所（特に風下側）にある火源により引火する危険性がある。

- 液比重が1より小さい（水より軽い）もの，水に溶けないものが多い。
  - ⇨ 流出した場合，水の表面に薄く広がり，その液表面積が大きくなり，火災となった場合には，火災範囲が非常に大きくなり，延焼等の拡大危険がある。
  また，霧状となって浮遊する場合は，空気との接触面積が広くなり危険性が増大する。

(2) 共通する火災予防方法

蒸気について

- 火気や加熱等を避けると共にみだりに蒸気を発生させない。
  - ⇨ 引火点が低いので，引火の危険性がある。

- 換気や通風を行い，燃焼範囲の下限界よりも低くする。
  - ⇨ 蒸気は空気より重いので，室内に蒸気を滞留させないように低所の換気を行う。

- 発生した蒸気は屋外の高所に排出する。
  - ⇨ 蒸気を高所に排出すれば，地上に達するまでに薄められる。

- 可燃性蒸気が滞留する恐れがある場所では，電気設備は防爆性にして，火花を発生する機械器具等を使用しない。
  - ⇨ スイッチにより火花が飛び，引火の恐れがある。

- 加熱しながら使用するときは液温に注意しなければならない。
  - ⇨ 引火点以上に加熱すると，引火の恐れがある。

静電気について

- 危険物の流動，撹拌等により静電気が発生する恐れがある場合は，接地（アース）等により静電気を除去する。

- 静電気の発生を抑えるため，湿度を上げる。
  - ⇨ 静電気が蓄積すると火花放電し，点火源になる。

- 静電気が発生するおそれがある場合は，危険物を移動させる流速をできるだけ遅くする。

容器について

- 容器は密栓して冷暗所に貯蔵する。
  - ⇨ 引火点が高いものでも，液温が上がると引火の危険性が生じることから冷暗所に貯蔵する必要がる。また，密栓する場合は，容器内に空間容積をとる必要がある。

- 容器は満タンにしないで容器の上部にじゅうぶんな空間をとる。
  - ⇨ 容器を満タンにすると液体の体積膨張により容器を破損するか栓よりあふれ出ることがある。

- 容器の詰め替えは屋外で行う。
  - ⇨ 蒸気が風に飛ばされ，広く拡散される。

- 使用後の容器でも燃焼範囲の濃度の蒸気が残っている場合があるので取扱いに注意する。
  - ⇨ 蒸気がわずかに残っていても，燃焼範囲内の濃度であれば引火し燃焼（爆発）の危険性がある。

- ドラム缶の栓を開けるときは，ハンマーでたたいてはいけない。
  - ⇨ 衝撃のとき発生する火花で引火する危険性がある。

(3) 共通する消火方法

- 空気の遮断による窒息消火が有効である。
- 消火剤として霧状の強化液，泡，ハロゲン化物，二酸化炭素，粉末が使用される。
- 液比重が1より小さい危険物の火災に注水すると危険物が浮き，火災範囲が拡大するので水・棒状放射の強化剤による消火は適当でない。
- アルコール，アセトン，アセトアルデヒド等の水溶性危険物の火災では泡が溶解するので耐アルコール泡（水溶性液体用泡消火薬剤）を使用する。

3. 第4類危険物の性質

1. 特殊引火物 (指定数量50〔ℓ〕)

特殊引火物とは1気圧において，発火点が100〔℃〕以下のものまたは引火点が－20〔℃〕以下で沸点が40〔℃〕以下のものである。

品　名	液比重	蒸気比重	引火点〔℃〕	発火点〔℃〕	沸点〔℃〕	燃焼範囲〔vol%〕
ジエチルエーテル	0.7	2.6	－45	160	34.6	1.9～36
二硫化炭素	1.3	2.6	－30	90	46	1.3～50
アセトアルデヒド	0.8	1.5	－39	175	21	4.0～60
酸化プロピレン	0.8	2.0	－37	449	35	2.3～36

ジエチルエーテル

性　状	危険性	火災予防方法	消火方法
・無色の液体で揮発しやすく刺激臭がある ・水にわずかに溶け，アルコールにはよく溶ける	・引火しやすい ・燃焼範囲が広く，かつ下限界が小さい ・日光にさらしたり，空気と長く接触させたりすると過酸化物を生じ，加熱，衝撃等により爆発する危険性がある ・静電気が発生しやすい ・蒸気は麻酔性がある	・火気を近づけない ・通風をよくする ・直射日光を避けて冷暗所に貯蔵する ・容器は密栓する ・沸点以上ならないように冷却装置等を設け温度管理を行う	・わずかに水溶性があるために大量の泡消火剤を使用 ・二酸化炭素 ・耐アルコール泡 ・粉末消火剤 などを用いて窒息消火

トピック！ 引火点は第4類危険物の中で最も低く，極めて引火しやすい。

二硫化炭素

性　状	危険性	火災予防方法	消火方法
・無色の液体で特有の不快臭がある ・水に溶けないが，エタノール，ジエチルエーテルには溶ける ・水より重い	・引火しやすい ・燃焼範囲が広く，かつ下限界が小さい ・燃焼すると有毒ガス（亜硫酸ガス＝二酸化硫黄）が発生する ・静電気が発生しやすい ・蒸気は有毒である	・ジエチルエーテルに準ずる ・可燃性蒸気の発生を抑制するために水没貯蔵する （貯蔵槽（コンクリート）水／二硫化炭素）	・水（霧状） ・泡， ・二酸化炭素， ・粉末消火剤 ・水より重いので表面に水を張り窒息消火

トピック！ 発火点は第4類危険物の中で最も低く，100〔℃〕以下である。
純品はほとんど無臭である。

アセトアルデヒド

性　状	危険性	火災予防方法	消火方法
・無色の液体で揮発しやすく刺激臭がある ・水，アルコール，ジエチルエーテルによく溶け，油脂等をよく溶かす	・沸点が低く揮発性で引火しやすい ・燃焼範囲が広い ・熱または光で分解するとメタンと一酸化炭素を発生する ・銅，銀と接触すると爆発性の化合物を生じる ・蒸気は有毒である	・ジエチルエーテルに準ずる ・貯蔵する場合は不活性ガスを封入する	・水（霧状） ・二酸化炭素 ・耐アルコール泡 ・ハロゲン化物 ・粉末消火剤

トピック！ 沸点は第4類危険物の中で最も低い。

酸化プロピレン（プロピレンオキサイド）

性　状	危険性	火災予防方法	消火方法
・無色の液体でエーテル臭がある ・水，エタノール，ジエチルエーテルによく溶ける	・引火しやすい ・重合する性質があり，その際に熱を発生し，火災，爆発の原因となる ・銅，銀等の金属と接触すると重合が促進されやすい ・蒸気は有毒である ・皮膚に付着すると凍傷と同様の症状を呈する	・ジエチルエーテルに準ずる ・貯蔵する場合は不活性ガスを封入する	・水（霧状） ・二酸化炭素 ・耐アルコール泡 ・ハロゲン化物 ・粉末消火剤

トピック！ **重合反応**とは，小さい分子量の物質が，繰り返し結合して大きい分子量の物質をつくる反応である。

2. 第1石油類

第1石油類とは1気圧において引火点が **21**〔℃〕**未満**のものである。

(1) 非水溶性液体 (指定数量200〔ℓ〕)

品　名	液比重	蒸気比重	引火点〔℃〕	発火点〔℃〕	沸点〔℃〕	融点〔℃〕	燃焼範囲
ガソリン	0.65〜0.75	3〜4	**−40 以下**	300	40〜220	−	**1.4〜7.6**
ベンゼン	0.9	2.8	−11.1	498	80	5.5	1.2〜7.8
トルエン	0.9	3.1	4	480	111	−	1.1〜7.1
酢酸エチル	0.9	3.0	−4	426	77	−83.6	2.0〜11.5
メチルエチルケトン	0.8	2.5	−9	404	80	−86	1.4〜11.4
n‑ヘキサン	0.7	3.0	−20 以下	−	69	−95	1.1〜7.5

ガソリン

性　状	危険性	火災予防方法	消火方法
・**無色の液体で揮発しやすく特有の臭気がある** ・水には溶けず，ゴム，油脂等を溶かす ・電気の不良導体である ・自動車用，航空用，工業用の3種類がある	・引火しやすい ・蒸気は空気より重いので低所に滞留しやすい ・電気の不良導体であるために，静電気が発生しやすい	・火気を近づけない ・火花を発生する機械器具などを使用しない ・通風，換気をよくする ・容器は密栓し，冷所に貯蔵する ・静電気の蓄積を防ぐ ・川，下水溝等に流出させない	・泡 ・二酸化炭素 ・ハロゲン化物 ・粉末消火剤 などを用いて窒息消火

トピック！

☞ガソリン ─┬─ 自動車ガソリン ─┐
　　　　　　│　・オレンジ系色に着色してある
　　　　　　│　・沸点範囲　40〜220℃　　├─ 消防法でガソリンとなる
　　　　　　├─ 工業ガソリン　　　　　　│
　　　　　　│　　ベンジン，ゴム揮発油，大豆揮発油
　　　　　　└─ 航空ガソリン ──────────┘

ベンゼン（ベンゾール）

性　状	危険性	火災予防方法	消火方法
・**無色の液体で揮発しやすく特有の臭気がある** ・水には溶けず，アルコール，ジエチルエーテルなどの有機溶剤によく溶け，有機物を溶かす ・蒸気は有毒である	・ガソリンに準ずる ・毒性が強く，蒸気を吸入すると急性または慢性中毒症状を呈する	・ガソリンに準ずる ・固化したしたものでも引火の危険性があるので火気に注意する	・ガソリンに準ずる

トルエン（トルオール）

性　状	危険性	火災予防方法	消火方法
・無色の液体で揮発しやすく臭気がある ・水には溶けず，アルコール，ジエチルエーテルなどの有機溶剤によく溶ける ・蒸気は有毒であるが，毒性はベンゼンより少ない	・ガソリンに準ずる	・ガソリンに準ずる	・ガソリンに準ずる

n - ヘキサン

性　状	危険性	火災予防方法	消火方法
・無色の液体 ・かすかな特有の臭気がある ・水には溶けないが，エタノール，ジメチルエーテルなどによく溶ける	・ガソリンに準ずる	・ガソリンに準ずる	・ガソリンに準ずる

酢酸エチル

性　状	危険性	火災予防方法	消火方法
・無色の液体で果実のような芳香がある ・水には少し溶け，有機溶剤によく溶ける	・ガソリンに準ずる	・ガソリンに準ずる	・ガソリンに準ずる

メチルエチルケトン

性　状	危険性	火災予防方法	消火方法
・無色の液体でアセトンに似た臭気がある ・水には少し溶け，アルコール，ジエチルエーテルによく溶ける	・引火しやすい	・火気を近づけない ・貯蔵または取扱場所は通風をよくする ・直射日光を避けて冷所に貯蔵する ・容器は密栓する	・水（霧状） ・二酸化炭素 ・耐アルコール泡 ・ハロゲン化物 ・粉末消火剤

トピック！
・一般の泡消火剤は不適当であるが，水を噴霧にして用いれば冷却と希釈の効果により，消火できる。
・塗料溶材，脱ろう溶剤等に用いられる。

(2) 水溶性液体 (指定数量 400〔ℓ〕)

品　名	液比重	蒸気比重	引火点〔℃〕	発火点〔℃〕	沸点〔℃〕	融点〔℃〕	燃焼範囲
アセトン	0.8	2.0	−20	465	56	−	2.5〜12.8
ピリジン	0.98	2.7	20	482	115.5	−	1.8〜12.4
ジエチルアミン	0.7	2.5	−23	312	57	−50	1.8〜10.1

アセトン

性　状	危険性	火災予防方法	消火方法
・無色の液体で特異臭がある ・水，アルコール，ジエチルエーテルによく溶ける	・引火しやすい ・静電気の火花で着火することがある ・揮発しやすい	・火気を近づけない ・貯蔵または取扱場所は通風をよくする ・直射日光を避けて冷所に貯蔵する ・容器は密栓する	・水（霧状） ・耐アルコール泡 ・二酸化炭素 ・ハロゲン化物 ・粉末消火剤

トピック！
・一般の泡消火剤は使用できない。耐アルコール泡を使用する。
・一般の泡消火剤は不適当であるが，水を噴霧にして用いれば冷却と希釈の効果により，消火できる。
・油脂を溶かす溶剤として用いられる。

ピリジン

性　状	危険性	火災予防方法	消火方法
・無色の液体で悪臭がある ・水，アルコール，ジエチルエーテル，アセトンによく溶ける ・多くの有機物を溶かす	・引火しやすい ・蒸気は低所に滞留しやすい ・毒性がある	・アセトンに準ずる	・アセトンに準ずる

ジエチルアミン

性　状	危険性	火災予防方法	消火方法
・無色の液体 ・アンモニア臭がある ・水，エタノールと混和する	・ピリジンに準ずる	・アセトンに準ずる	・アセトンに準ずる

3. アルコール類　（指定数量 400〔ℓ〕）

アルコール類は炭化水素化合物の水素（H）が水酸基（OH）に置換した化合物である。また，消防法では炭素数 **1** 個から **3** 個までの飽和 1 価アルコール（変性アルコールを含む）の **60**〔％〕以上の水溶液をアルコール類と定めている。

品　名	液比重	蒸気比重	引火点〔℃〕	発火点〔℃〕	沸点〔℃〕	燃焼範囲
メタノール	0.8	1.1	11	464	64	6.0～36
エタノール	0.8	1.6	13	363	78	3.3～19
n-プロピルアルコール	0.8	2.1	23	412	97.2	2.1～13.7
イソプロピルアルコール	0.79	2.1	15	399	82	2.0～12.7

トピック！
- 常温で引火する。
- 燃焼範囲はガソリンよりも広い。
- 水溶液にした場合でも引火の危険性がある。

メタノール

性　状	危険性	火災予防方法	消火方法
・無色の液体で芳香がある ・水，エタノール，ジエチルエーテル，有機溶剤によく溶け，有機物をよく溶かす ・揮発性がある	・冬期は燃焼性混合気を生成しないが，加熱または火気で液温が高いときは引火の危険がある ・毒性がある ・炎の色が淡いために認識しづらい ・無水クロム酸と接触すると激しく反応し，発火することがある	・火気を近づけない ・火花を発生する機器器具等を使用しない ・通風，換気をよくする ・容器は密栓し，冷所に貯蔵する ・川，下水溝等に流出させない	・二酸化炭素 ・耐アルコール泡 ・ハロゲン化物 ・粉末消火剤

トピック！
- メチルアルコールを飲むと，失明したり，死にいたることがある。
- 自動車の燃料として使われている。

エタノール

性　状	危険性	火災予防方法	消火方法
・無色の液体で芳香と味がある ・水，エタノール，ジエチルエーテルによく溶け，有機物をよく溶かす ・揮発性がある ・麻酔性がある	・毒性はない ・メタノールに準ずる ・13～38〔℃〕において液面上の空間は爆発性の混合ガスを形成しているので，引火爆発に注意する	・メタノールに準ずる	・メタノールに準ずる

トピック！
- 酒類の主成分である。
- 医薬品などの製造・消毒剤・防腐剤などに使用される。
- 濃硫酸との混合物を 140℃ に熱すれば，ジエチルエーテルが油出される。

n - プロピルアルコール（1 - プロパノール）

性　状	危険性	火災予防方法	消火方法
・**無色の液体** ・水，エタノール，ジエチルエーテルに溶ける ・塩化カルシウムの冷飽和水溶液には溶けないので，エタノールと区別される	・メタノールに準ずる	・メタノールに準ずる	・メタノールに準ずる

イソプロピルアルコール（2 - プロパノール）

性　状	危険性	火災予防方法	消火方法
・**無色の液体** ・特有の芳香がある ・水，エーテルに溶ける	・メタノールに準ずる	・メタノールに準ずる	・メタノールに準ずる

4. 第2石油類

第2石油類とは，1気圧において引火点が **21**〔℃〕以上 **70**〔℃〕未満のものである。

(1) 非水溶性液体 （指定数量 1,000〔ℓ〕）

品　名	液比重	蒸気比重	引火点〔℃〕	発火点〔℃〕	沸点〔℃〕	燃焼範囲
灯　　油	0.8	4.5	40	220	145～270	1.1～6.0
軽　　油	0.85	4.5	45	220	170～370	1.0～6.0
クロロベンゼン	1.1	3.9	28	—	132	1.3～9.6
キシレン（パラ）	0.86	3.66	27	528	138	1.1～7.0
n-ブチルアルコール	0.8	—	29	343	117.3	1.4～11.2

灯油（ケロシン）

性　状	危険性	火災予防方法	消火方法
・無色またはやや黄色の液体である ・水には溶けず，油脂等を溶かす ・特異臭がある	・引火する危険性がある ・霧状で浮遊するとき，または布等にしみこんだ状態のときは危険性が増大する ・蒸気は空気より重いので低所に滞留しやすい ・静電気が発生しやすい ・ガソリンと混合したものは引火しやすい	・火花を発生する機械器具等を使用しない ・通風，換気をよくする ・容器は密栓し，冷暗所に貯蔵する ・川，下水溝等に流出させない	・泡 ・二酸化炭素 ・ハロゲン化物 ・粉末消火剤 などを用いて窒息消火

トピック！
- 古くなったものは，淡黄色ないし茶色に変色することがある。
- ストーブの燃料や溶剤等に使用される。
- 市販の白灯油の引火点は一般に 45～55〔℃〕である。

軽油（ディーゼル油）

性　状	危険性	火災予防方法	消火方法
・淡黄色または淡褐色の液体である ・水には溶けない	・灯油に準ずる	・灯油に準ずる	・灯油に準ずる

トピック！
- ガソリンが混合されたものは引火の危険性が高くなる。
- 水より蒸発しにくい。
- ディーゼルエンジンの燃料に使用される。

クロロベンゼン

性　状	危険性	火災予防方法	消火方法
・無色の液体である ・水には溶けず，アルコール，エーテルには溶ける	・灯油に準ずる	・灯油に準ずる	・灯油に準ずる

トピック！
- 溶剤，医薬品，香料等に使用される。

キシレン

性　状	危険性	火災予防方法	消火方法
・無色の液体で特有の臭いがある	・灯油に準ずる	・灯油に準ずる	・灯油に準ずる

トピック! 3種類の異性体（オルトキシレン，メタキシレン，パラキシレン）が存在する。

n-ブチルアルコール（1-ブタノール）

性　状	危険性	火災予防方法	消火方法
・無色透明の液体 ・大量の水には溶け込むが，部分的に溶け残る	・灯油に準ずる	・灯油に準ずる	・灯油に準ずる

トピック! 炭素数が4となるため，アルコール類には分類されない。

(2) 水溶性液体　(指定数量2,000〔ℓ〕)

品　名	液比重	蒸気比重	引火点〔℃〕	発火点〔℃〕	沸　点〔℃〕	燃焼範囲
酢　　酸	1.05	2.1	41	463	118	4.0～19.9
プロピオン酸	1.00	2.56	52	465	140.8	—
アクリル酸	1.06	2.45	51	438	141	—

酢酸

性　状	危険性	火災予防方法	消火方法
・無色の液体で刺激臭と酸味がある ・水，エタノール，ジエチルエーテル，ベンゼンによく溶ける ・エタノールと反応して酢酸エステルを生成する ・高濃度の酢酸は17〔℃〕以下になると凝固する	・可燃性である ・強い腐食性の有機酸で，高濃度のものより水溶性の方が腐食性は強い ・金属を強く腐食する ・皮膚に触れると火傷を起こす ・濃い蒸気を吸入すると粘膜が炎症する	・火気を近づけない ・通風，換気をよくする ・容器は密栓し，冷所に貯蔵する ・川，下水溝などに流出させない ・コンクリートを腐食するのでアスファルト等の腐食しない材料を使用する	・二酸化炭素 ・耐アルコール泡 ・粉末消火剤

トピック!
・食酢は酢酸の3～5〔%〕の水溶液である。
・一般的には96〔%〕以上のものが氷酢酸といわれている。

プロピオン酸

性　状	危険性	火災予防方法	消火方法
・無色透明の液体 ・水，アルコール，エーテル，ベンゼン，クロロホルムによく溶ける	・酢酸に準ずる	・酢酸に準ずる	・酢酸に準ずる

アクリル酸

性　状	危険性	火災予防方法	消火方法
・無色透明の液体 ・水，ベンゼン，アルコール，クロロホルム，エーテル，アセトンによく溶ける	・酢酸に準ずる	・酢酸に準ずる	・酢酸に準ずる

5. 第3石油類

第3石油類とは，1気圧において20〔℃〕で液状であり，かつ引火点が **70〔℃〕以上 200〔℃〕未満**のものをいう。

(1) 非水溶性液体 (指定数量 2,000〔ℓ〕)

品　名	液比重	蒸気比重	引火点〔℃〕	発火点〔℃〕	沸点〔℃〕	融点〔℃〕	燃焼範囲
重　油	0.9～1.0	—	60～150	250～380	300	—	—
クレオソート油	1.0以上	—	73.9	336.1	200	—	—
アニリン	1.01	3.2	70	615	184.6	—	—
ニトロベンゼン	1.2	4.3	88	482	211	5.8	1.8～40

重油

性　状	危険性	火災予防方法	消火方法
・褐色または暗褐色の液体で粘性がある ・水には溶けない ・原油の常圧蒸留により得られる	・加熱しない限り引火する危険性は少ない ・霧状になったものは引火点以下でも危険である ・燃焼温度が高いために消火が困難になる ・不純物として含まれる硫黄は燃えると有毒ガス（SO_2）になる	・冷暗所に貯蔵する ・容器は密栓する ・分解重油は自然発火に注意する	・泡 ・二酸化炭素 ・ハロゲン化物 ・粉末消火剤

トピック！
- 1種（A油種）…引火点60〔℃〕以上　2種（B重油）…引火点60〔℃〕以上　3種（C重油）…引火点70〔℃〕以上
- A重油，B重油，C重油の順に粘性が大きくなる。
- **分解重油**…熱分解により，ガソリンを製造したときの残油。
- 発熱量…41,860kJ/kg

クレオソート油

性　状	危険性	火災予防方法	消火方法
・黄色または暗緑色の液体で特異臭がある ・水には溶けず，アルコール，ベンゼンには溶ける ・コールタールを分留するとき230～270〔℃〕の間の留出物	・加熱しない限り引火する危険性は少ない ・霧状になったものは引火点以下でも危険である ・燃焼温度が高い ・蒸気は有害である	・冷暗所に貯蔵する ・容器は密栓する	・重油に準ずる

アニリン

性　状	危険性	火災予防方法	消火方法
・無色または暗黄色の液体 ・特異臭がある ・水には溶けにくいが，エタノール，ジエチルエーテル，ベンゼンなどにはよく溶ける	・同上	・同上	・重油に準ずる

トピック！
- 普通は光または空気の作用により褐色に変化している。
- さらし粉溶液を加えると赤紫色を呈する。

ニトロベンゼン（ニトロベンゾール）

性　状	危険性	火災予防方法	消火方法
・淡黄色または暗黄色の液体 ・芳香がある ・水には溶けにくいが，エタノール，ジエチルエーテルなどにはよく溶ける ・爆発性はない	・加熱しない限り引火する危険性は少ない ・蒸気は有害である	・クレオソート油に準ずる	・重油に準ずる

トピック！　・ベンゼン環にニトロ基がついたニトロ化合物（第5類に品名該当）であるが，第5類の危険性状を有しておらず，炭化水素に似たところが多い。

(2) 水溶性液体　（指定数量4,000〔ℓ〕）

品　名	液比重	蒸気比重	引火点〔℃〕	発火点〔℃〕	沸点〔℃〕	融　点
グリセリン	1.3	3.1	199	370	291	18.1
エチレングリコール	1.1	2.1	111	398	197.9	－

グリセリン

性　状	危険性	火災予防方法	消火方法
・甘味のある無色の液体 ・水，エタノールには溶けるが，二硫化炭素，ベンゼンには溶けない	・加熱しない限り引火する危険性は少ない	・火気を近づけない ・容器は密栓する	・二酸化炭素 ・粉末消火剤

トピック！　ニトログリセリンの原料

エチレングリコール

性　状	危険性	火災予防方法	消火方法
・無色透明の液体 ・甘味がある ・粘性が大きい ・水，エタノール等には溶けるが，二硫化炭素，ベンゼン等には溶けない	・グリセリンに準ずる	・グリセリンに準ずる	・グリセリンに準ずる

6. 第4石油類 (指定数量6,000〔ℓ〕)

第4石油類とは，1気圧において20〔℃〕で液状であり，かつ引火点が**200**〔℃〕**以上250**〔℃〕**未満**のものである。ただし，可燃性液体量が**40**〔％〕**以下**のものは除外される。

第4石油類に該当するものとして**潤滑油**と**可塑剤**がある。潤滑油に絶縁油，タービン油，マシン油，切削油等の石油系潤滑油が最も広く使用されている。

性　状	危険性	火災予防方法	消火方法
・水には溶けず，粘性が大きい ・水より重いものもある	・加熱しない限り引火する危険性は少ない ・水系の消火剤を使用すると，燃焼温度が高いために水分が沸騰蒸発し，消火が困難になる場合がある ・いったん火災になった場合は液温が非常に高くなる	・火気を近づけない	・泡 ・二酸化炭素 ・ハロゲン化物 ・粉末消火剤

トピック！
- **潤滑油**…引火点が200〔℃〕未満のものは第3石油類に該当する。
- **可塑剤**…物質に可塑性（固体に外力を加え，弾性限界を超えた変形を与えたとき，外力を取り去ってもひずみが残る現象）を与えるもの。

7. 動植物油類 (指定数量10,000〔ℓ〕)

動植物油類とは，動物の脂肉等または植物の種子もしくは果肉から抽出したものであって1気圧において引火点が**250**〔℃〕**未満**のものである。ただし，一定基準のタンク（加圧タンクを除く）または容器に常温で貯蔵，保管されているものは除外されている。

性　状	危険性	火災予防方法	消火方法
・一般に純粋なものは無色透明である ・水には溶けない ・比重は約0.9 ・一般に不飽和脂肪酸を含む	・加熱等により液温が引火点以上になると引火する危険性がある ・可燃性で，ぼろ布等にしみこんだものは自然発火することがある ・蒸発しにくく引火しにくいが，燃焼すると燃焼温度が高いために消火が困難になる	・火気を近づけない	・泡 ・二酸化炭素 ・ハロゲン化物 ・粉末消火剤

ヨウ素価と自然発火

- 動植物油類の自然発火は，油が空気中の酸素と結合し酸化熱が発生する。この熱が蓄積され発火点に達すると自然発火が起こる。

小　←	ヨウ素価	→　大
100以下 不乾性油	100～130 半乾性油	130以上 乾性油
ヤシ油 ヒマシ油	ナタネ油 ゴマ油	アマニ油 キリ油

- 乾性油は酸化されやすく，ヨウ素価が大きいものほど自然発火しやすい。
- ヨウ素価とは，油脂100〔g〕に吸収するヨウ素をグラム数で表したものである。
- 不飽和脂肪酸が多いほどヨウ素価が大きい。
- 不飽和脂肪酸で空気中で硬化しやすいものほど，自然発火しやすい。

練習問題

法別表の品名
表紙の裏 参照

【1】 法別表の危険物について，次のうち正しいものはどれか。
(1) 危険物は甲種危険物と乙種危険物と丙種危険物がある。
(2) 危険物は第1類から第6類までに分類されている。
(3) 危険物は類の数が増すに従って危険度も大きくなる。
(4) 危険物には，引火性または発火性を有するすべての気体，液体及び固体が含まれる。
(5) 危険性の特に高い危険物は特類に該当する。

【2】 法別表第1に掲げる第4類の危険物の品名に該当しないものは，次のうちどれか。
(1) 特殊引火物
(2) 第1石油類
(3) アルコール類
(4) アルキルアルミニウム
(5) 第4石油類

【3】 法別表における性質と品名の組合せで，次のうち誤っているものはどれか。

	性　質	品　名
(1)	酸化性固体	過マンガン酸塩類
(2)	可燃性固体	マグネシウム
(3)	自然発火性物質および禁水性物質	アルキルアルミニウム
(4)	引火性液体	動植物油類
(5)	自己反応性物質	過酸化水素

【4】 法別表に品名としてあげられているものは，次のA～Eの物質のうちいくつあるか。
　　A 黄リン　　B 硝酸　　C プロパン　　D 水素　　E 過酸化水素
(1) 1つ
(2) 2つ
(3) 3つ
(4) 4つ
(5) 5つ

【5】 次の記述のうち，誤っているものはどれか。
(1) クロロベンゼン，ノルマルブチルアルコール，酢酸は，第2石油類に該当する。
(2) 重油，ギヤー油，アマニ油は，第3石油類に該当する。
(3) メタノール，エタノール，イソプロピルアルコールは，アルコール類に該当する。
(4) 二硫化炭素，酸化プロピレン，アセトアルデヒドは，特殊引火物に該当する。
(5) ベンゼン，トルエン，酢酸エチルは，第1類石油類に該当する。

第2章　練 習 問 題

危険物の類ごとに共通する性質

【6】　次のうち，すべての類のどの危険物にも全く該当しないものはどれか。ただし，いずれも常温（20℃）常圧における状態とする。
(1)　引火性の液体
(2)　可燃性の気体
(3)　可燃性の固体
(4)　不燃性の液体
(5)　不燃性の固体

【7】　次の各類の危険物の性状のうち，正しいものはいくつあるか。
　A　第1類はそれ自体は燃焼しない。
　B　第2類はそれ自体は着火しやすい。
　C　第3類はそれ自体は燃えない。
　D　第5類は爆発の危険性はない。
　E　第6類はそれ自体は燃焼しない。
(1)　なし　　(2)　1つ　　(3)　2つ　　(4)　3つ　　(5)　4つ

【8】　危険物の類ごとに共通する性状として，次のうち正しいものはどれか。
(1)　第1類の危険物は，可燃性の気体である。
(2)　第2類の危険物は，可燃性の固体である。
(3)　第3類の危険物は，可燃性で強酸性の液体である。
(4)　第5類の危険物は，酸化性の固体または液体である。
(5)　第6類の危険物は，可燃性の固体または液体である。

【9】　危険物の類ごとの一般的な性状として，次のうち正しいものはどれか。
(1)　第1類の危険物は，酸素を含有しているので，内部（自己）燃焼する。
(2)　第2類の危険物は，水と作用して激しく発熱する。
(3)　第3類の危険物は，可燃性の強酸である。
(4)　第5類の危険物には，外部からの酸素の供給がなくても燃焼するものが多い。
(5)　第6類の危険物は，可燃性で強い酸化剤である。

【10】　次の文の（　）内に当てはまる語句はどれか。
　「（　）は強酸化性の物質で，他の物質と反応しやすい酸素を分子中に含有しており，加熱，衝撃，摩擦などにより分解し，酸素を放出しやすい固体である。」
(1)　第1類の危険物
(2)　第2類の危険物
(3)　第3類の危険物
(4)　第4類の危険物
(5)　第5類の危険物

【11】 危険物の類ごとに共通する危険性として，次のうち正しいものはどれか。
(1) 第1類の危険物…着火しやすく，かつ，燃え方は速いため，消火することが難しい。
(2) 第2類の危険物…可燃物と混合されたものは，熱などによって分解し，極めて激しい燃焼を起こす。
(3) 第3類の危険物…それ自体は燃焼しないが，混在する可燃物の燃焼を促進する。
(4) 第5類の危険物…加熱による分解などの自己反応により，発火し，または爆発する。
(5) 第6類の危険物…一般的に空気に触れると，自然に発火する。

【12】 各類の危険物の一般的性質について，次のうち正しいものはどれか。
(1) 第1類の危険物は可燃性であり，他の物質から容易に酸化されやすい固体である。
(2) 第2類の危険物は，火炎により着火しやすい液体または引火しやすい固体である。
(3) 第3類の危険物は，空気中で自然に発火しやすい気体または水と接触して発火しやすい液体である。
(4) 第5類の危険物は燃焼速度が緩慢で，水より軽い固体である。
(5) 第6類の危険物は不燃性であり，混在する他の可燃物の燃焼を促進する液体である。

【13】 危険物の類ごとに共通する性状として，次のうち正しいものはどれか。
(1) 第1類の危険物はすべて可燃性であり，燃え方が速い。
(2) 第2類の危険物はすべて着火または引火の危険性のある固体である。
(3) 第3類の危険物はすべて水との接触により発熱し，発火する。
(4) 第5類の危険物はすべて酸素含有物質であり，酸化性が強い。
(5) 第6類の危険物はすべて強酸であり，腐食性がある。

【14】 危険物の類ごとに共通する性状として，次のうち正しいものはどれか。
(1) 第1類の危険物は還元性の液体である。
(2) 第2類の危険物は燃えやすい固体である。
(3) 第3類の危険物は水と反応しない不燃性の液体である。
(4) 第5類の危険物は強酸化性の固体である。
(5) 第6類の危険物は可燃性の固体である。

【15】 各類の危険物の特性について，次のうち正しいものはどれか。
(1) 第1類の危険物は，他の物質を酸化することができる酸素を含有している。
(2) 第2類の危険物は，酸化力が極めて強いため他の燃焼を助ける。
(3) 第3類の危険物は，酸素含有物質であるため内部（自己）燃焼を起こしやすい。
(4) 第5類の危険物は，還元性が強いが不燃性である。
(5) 第6類の危険物は，燃焼速度の極めて大きい化合物である。

第4類危険物の共通する性質

【16】 A，B，C はある第4類の危険物の性質を説明したものである。これに適合するものは（1）〜（5）のうちどれか。

　　A　水に溶けない　　　B　引火点は−40〔℃〕以下　　　C　蒸気比重は3〜4
　（1）　ガソリン　　　　（2）　クロロベンゼン　　　（3）　グリセリン
　（4）　アマニ油　　　　（5）　ベンゼン

【17】 第4類の危険物の一般的性質として，次のうち誤っているものはどれか。
　（1）　引火性の液体である。
　（2）　発火点は，ほとんどのものが100〔℃〕以下である。
　（3）　蒸気比重は1より大きい。
　（4）　液体の比重は，1より小さいものが多い。
　（5）　非水溶液のものは，静電気が蓄積しやすい。

【18】 引火性液体の性質と危険性の説明として，次のうち誤っているものはどれか。
　（1）　一般に常温では，沸点が低いものほど可燃性蒸気の放散が容易となるので，引火の危険性が高まる。
　（2）　アルコール類は注水して濃度を低くすると，引火点も低くなる。
　（3）　多くのものは比重が1より小さいので燃焼したものに注水すると，水面に浮かんで燃えあがり，かえって火炎を拡大させることもある。
　（4）　導電率の低いものは，流動，ろ過などの際に静電気を発生しやすく，静電気による火災の原因になることがある。
　（5）　粘度の大小は，漏えい時の火災の拡大に影響を与える。

【19】 次の文の（　）内のA〜Dに当てはまる語句の組合せはどれか。
　「第4類の危険物の貯蔵または取扱いにあたっては，炎，火花または（A）との接近を避けるとともに，発生した蒸気を屋外の（B）に排出するか，又は（C）を良くして蒸気の拡散を図る。また容器に収納する場合は，（D）危険物を詰め，蒸気が漏えいしないように密栓をする。」

	A	B	C	D
(1)	可燃物	低所	通風	若干の空間を残して
(2)	可燃物	低所	通風	一杯に
(3)	高温体	高所	通風	若干の空間を残して
(4)	水分	高所	冷暖房	若干の空間を残して
(5)	高温体	低所	冷暖房	一杯に

【20】 第4類の危険物の一般的性状として，次のうち正しいものはどれか。
　（1）　水に溶けやすい。
　（2）　常温（20〔℃〕）では点火源があれば，すべて引火する。
　（3）　蒸気比重は1より大きい。
　（4）　燃焼範囲の下限界の低いものほど危険性は小さい。
　（5）　点火源がなければ発火点以上の温度でも燃焼しない。

【21】第4類の危険物の一般的性質として，次のうち正しいものはどれか。
 (1) 熱伝導率が大きいので蓄熱し，自然分解しやすい。
 (2) 沸点の低いものは引火しやすい。
 (3) 蒸気の比重は，1より小さいので放散しやすい。
 (4) 導電率が大きいので，静電気は蓄積しにくい。
 (5) 水溶性のものは水で薄めると引火点が低くなる。

【22】第4類の危険物の貯蔵及び取扱上の一般的な注意事項として，次のうち正しいものはどれか。
 (1) 配管で送油するときは静電気の発生を抑えるため，なるべく流速を小さくする。
 (2) 万一流出したときは多量の水で薄める。
 (3) 蒸気の発生を防止するため，空間を残さないように容器に詰めて密栓をする。
 (4) 容器に詰め替えるときは蒸気が多量に発生するので，床に溝を造って蒸気が拡散しないようにする。
 (5) 危険物を貯蔵していた空容器は，ふたをはずし密閉された部屋で保管する。

【23】第4類の危険物の火災予防の方法として，次のうち誤っているものはどれか。
 (1) 室内で取り扱うときは，低所よりも高所の換気を十分に行う。
 (2) 引火を防止するため，みだりに火気を近づけない。
 (3) 可燃性蒸気を滞留させないため，通風，換気をよくする。
 (4) みだりに蒸気を発生させない。
 (5) 直射日光をさけ，冷所に貯蔵する。

【24】第4類の危険物の火災予防の方法として，貯蔵場所は通風・換気に注意しなければならないが，その主な理由は，次のうちどれか。
 (1) 室温を引火点以下に保つため。
 (2) 静電気の発生を防止するため。
 (3) 自然発火を防止するため。
 (4) 液温を発火点以下に保つため。
 (5) 発生する蒸気の滞留を防ぐため。

【25】第4類の危険物の貯蔵，取扱いの注意事項として，次のうち誤っているものはどれか。
 (1) 火花や高熱を発する場所に接近させない。
 (2) かくはんや流動に伴う静電気の発生をできるだけ抑制する。
 (3) 発生する蒸気は，なるべく屋外の低所に排出する。
 (4) 容器からの液体や蒸気の漏れには十分注意する。
 (5) 引火性のある危険物を取り扱う場合には，人体に滞電した静電気を除去する。

【26】第4類の危険物の一般的な消火方法として，次のうち誤っているものはどれか。
 (1) 棒状の水を放射して消火する。
 (2) 泡消火剤を放射して消火する。
 (3) 二酸化炭素消火剤を放射して消火する。
 (4) 霧状の強化液を放射して消火する。
 (5) 消火粉末を放射して消火する。

第2章　練習問題

【27】　第4類の危険物の消火方法として，次のうち誤っているものはどれか。
(1)　水溶性危険物の火災には，一般の泡消火剤の使用が最も効果的である。
(2)　乾燥砂は小規模の火災に効果がある。
(3)　初期消火には霧状の強化液の放射が効果的である。
(4)　泡を放射する小型消火器は小規模の火災に効果がある。
(5)　一般に注水による消火方法は不適当である。

【28】　第4類の危険物の火災に適用する消火の効果について，次のうち最も適当なものはどれか。
(1)　消火剤を用いて燃焼物を冷却し，消火する。
(2)　蒸気の発生を抑制する。
(3)　空気の供給を遮断するか，燃焼反応を化学的に抑制する。
(4)　蒸気の濃度を低下させる。
(5)　危険物を取り除く。

【29】　第4類の危険物の火災と消火について，次のうち誤っているものはどれか。
(1)　ガソリンの火災に二酸化炭素は不適当である。
(2)　リン酸塩類などの粉末消火剤は，ベンゼンの火災に有効である。
(3)　軽油の火災に棒状注水するのは不適当である。
(4)　重油の火災に泡消火剤は有効である。
(5)　ハロゲン化物消火剤はトルエンの火災に有効である。

【30】　第4類の危険物の中には，泡を用いて消火する場合，泡が消滅しやすいので，水溶性液体用の泡消火剤を使用しなければならないが，次のA〜Eのうち，これに該当するものはいくつあるか。
　　　A　二硫化炭素　　B　アセトアルデヒド　　C　アセトン　　D　メタノール　　E　クレオソート油
(1)　1つ　　(2)　2つ　　(3)　3つ　　(4)　4つ　　(5)　5つ

特殊引火物

【31】　特殊引火物について，次のうち誤っているものはどれか。
(1)　40〔℃〕以下の温度で沸騰するものがある。
(2)　水より重いものがある。
(3)　発火点が100〔℃〕を超えるものはない。
(4)　水に溶けるものがある。
(5)　引火点が−20〔℃〕以下のものがある。

【32】　ジエチルエーテルの貯蔵，取扱いの方法として，次のうち誤っているものはどれか。
(1)　直射日光をさけ，冷所に貯蔵する。
(2)　容器は密栓する。
(3)　火気及び高温体の接近を避ける。
(4)　建物の内部に滞留した蒸気は，屋外の高所に排出する。
(5)　水より重く，水に溶けないので，容器などに水を張って蒸気の発生を抑制する。

【33】 二硫化炭素について，誤っているものはどれか。
(1) 燃焼すると，亜硫酸ガスが発生する。
(2) 可燃性ガスの発生を抑えるために，石油中に貯蔵する。
(3) 液比重は1より大きく，蒸気比重も1より大きい。
(4) エタノールには溶けるが，水には溶けない。
(5) 蒸気は有毒で，窒息性，刺激性があり，吸入すると危険である。

【34】 特殊引火物であるジエチルエーテルと二硫化炭素について，次のうち誤っているものはどれか。
(1) 引火点はジエチルエーテルの方が低い。
(2) 発火点は二硫化炭素の方が低い。
(3) 沸点はジエチルエーテルの方が低い。
(4) 燃焼範囲はどちらも非常に広い。
(5) 蒸気は，どちらも空気より軽い。

【35】 二硫化炭素を水槽に入れ，水没しておく理由はどれか。
(1) 沸点以上にならないように冷却するため。
(2) 可燃物との接触をさけるため。
(3) 可燃性蒸気の発生を防ぐため。
(4) 水と反応して安定な化合物を形成するため。
(5) 空気中の酸素と結合することを防ぐため。

【36】 アセトアルデヒドの性状として，次のうち誤っているものはどれか。
(1) 貯蔵する場合は，不活性ガスを封入する。
(2) 熱または光により分解して，メタンと二酸化炭素を発生する。
(3) 特有の刺激臭を有する液体である。
(4) 水，アルコールによく溶ける。
(5) 無色透明の液体である。

【37】 酸化プロピレンの性状として，次のうち誤っているものはどれか。
(1) 無色の液体である。
(2) 貯蔵するときは不活性ガスを封入する。
(3) 蒸気は有毒である。
(4) 水には全く溶けない液体である。
(5) 銅，銀等の金属と接触すると熱を発生し，火災，爆発の原因になる。

【38】 特殊引火物について，次のA～Eのうち誤っているものはどれか。
(1) アセトアルデヒドは非常に揮発しやすい。
(2) ジエチルエーテルは特有の刺激性の臭気があり，燃焼範囲は比較的広い。
(3) 二硫化炭素は無臭の液体で水に溶けやすく，また水より軽い。
(4) 酸化プロピレンは，重合反応を起こし大量の熱を出す。
(5) 二硫化炭素は，発火点が特に低い危険物の一つである。

第2章　練習問題

第1 石油類

【39】第1石油類の一般的性状について，次のうち正しいものはどれか。
(1) 引火点は21〔℃〕以上70〔℃〕未満である。
(2) アルコール類に比べて引火の危険性は小さい。
(3) ほとんどのものが常温（20〔℃〕）で液状である。
(4) 発火点は100〔℃〕以下である。
(5) 水によく溶ける。

【40】ガソリンについて正しいものはどれか。
(1) 軽油に比べて引火点が高い。
(2) 燃焼範囲はメタノールより広い。
(3) 純粋なものは，無色無臭である。
(4) 炭化水素の混合物である。
(5) 電気の良導体である。

【41】ガソリンの性状として，次のうち誤っているものはどれか。
(1) 工業ガソリンは無色の液体であるが，自動車ガソリンはオレンジ系色に着色されている。
(2) 各種の炭化水素の混合物である。
(3) 発火点はおおむね10〔℃〕以下で，第4類危険物の中で最も低い。
(4) 自動車ガソリンの燃焼範囲は，おおむね1.4～7.6〔％〕である。
(5) 蒸気は空気より重い。

【42】ガソリンの一般的性状について，次のA～Eのうち，誤っているものの組合せはどれか。
A 揮発性が高く，蒸気は空気より重い。
B 燃えやすく，沸点まで加熱すると発火する。
C 電気の不導体で，静電気を発生しやすい。
D 燃焼範囲の上限値は，10〔％〕を超える。
E 引火点が低く，冬の屋外でも引火の危険性がある。
(1) AとD　　(2) BとC　　(3) BとD　　(4) CとE　　(5) DとE

【43】自動車ガソリンの性状として，次のうち誤っているものはどれか。
(1) 水より軽い。
(2) 引火点は－40〔℃〕以下である。
(3) 流動により静電気が発生しやすい。
(4) 燃焼範囲は，おおむね1.4～7.6〔％〕（容量）である。
(5) 褐色又は暗褐色の液体である。

【44】 室内でガソリンを貯蔵する場合，換気の必要な理由はどれか。
 (1) 蒸気が，空気中の酸素と反応して無害の気体に変わるため。
 (2) 引火点を上昇させるため。
 (3) 蒸気が滞留して燃焼範囲になるのを防ぐため。
 (4) 静電気の発生を抑えるため。
 (5) 蒸気濃度を均一にするため。

【45】 アセトンの性状として，次のうち誤っているものはどれか。
 (1) ジエチルエーテル，水には溶けない。
 (2) 水より軽い。
 (3) 揮発しやすい。
 (4) 無色で特有の特異臭のある液体である。
 (5) 発生する蒸気は空気より重く，低所に滞留しやすい。

【46】 ベンゼンとトルエンについて，次のうち誤っているものはどれか。
 (1) 水より軽い。
 (2) いずれも引火点は常温（20〔℃〕）より低い。
 (3) トルエンは水に溶けないが，ベンゼンは水によく溶ける。
 (4) 蒸気はいずれも有毒であるが，その毒性はベンゼンのほうが強い。
 (5) いずれも無色の液体である。

【47】 n - ヘキサンの性状について，次のうち誤っているものはどれか。
 (1) 引火点は，常温（20〔℃〕）以下である。
 (2) 水にはほとんど溶けない。
 (3) エタノール，ジメチルエーテルによく溶ける。
 (4) 無色の発揮性の液体である。
 (5) 水よりも重い。

【48】 メチルエチルケトンの貯蔵または取扱いの注意事項として，次のうち誤っているものはどれか。
 (1) 換気をよくすること。
 (2) 火気を近づけないこと。
 (3) 日光の直射を避けること。
 (4) 冷所に貯蔵すること。
 (5) 貯蔵容器は通気口付きのものを使用すること。

第2章　練習問題

アルコール類

【49】　アルコール類について該当する語句として正しいものはどれか。
「分子を構成する炭素の原子の数が1個から3個までの飽和1価アルコールの含有量が（　　）以上の水溶液」
(1)　50〔％〕　　(2)　60〔％〕　　(3)　70〔％〕　　(4)　90〔％〕　　(5)　100〔％〕

【50】　第四類のアルコール類に共通する性状として，次のうち誤っているものはどれか。
(1)　無色透明な液体である。
(2)　水より軽い。
(3)　沸点は水より高い。
(4)　蒸気は空気より重い。
(5)　特有の芳香を持つ。

【51】　メタノールの性状について，次のうち誤っているものはどれか。
(1)　常温（20〔℃〕）で引火する。
(2)　特有の芳香がある。
(3)　毒性はエタノールより低い。
(4)　沸点は約65〔℃〕である。
(5)　燃焼しても炎の色が淡く，見えないことがある。

【52】　エタノールの性状として，次のうち誤っているものはどれか。
(1)　揮発性の無色の液体で，特有の芳香を有する。
(2)　水，ジエチルエーテルによく溶ける。
(3)　燃焼範囲はガソリンより狭く，引火点は常温（20〔℃〕）より高い。
(4)　メタノールのような毒性はなく，医薬品などの製造，消毒剤，防腐剤などに使用される。
(5)　水より軽く，蒸気は空気より重い。

【53】　メタノールとエタノールに共通する性状として，次のうち誤っているものはどれか。
(1)　沸点は100〔℃〕である。
(2)　水とどんな割合にも溶け合う。
(3)　発生する蒸気は空気より重い。
(4)　水より軽い液体である。
(5)　引火点は灯油より低い。

【54】　メタノール，エタノール，n-プロピルアルコール，イソプロピルアルコールについて，次のうち誤っているものはどれか。
(1)　揮発性があり，無色で特有の芳香がある。
(2)　水によく溶ける。
(3)　炎の色が淡いために認識しづらい。
(4)　消火には，耐アルコール泡を用いる。
(5)　毒性はない。

第2 石油類

【55】 第2石油類について，誤っているものはどれか。
(1) 灯油やプロピオン酸が含まれている。
(2) いずれも蒸気比重は1より大きい。
(3) いずれも引火点は20〔℃〕以上である。
(4) いずれも消火には二酸化炭素や粉末消火剤が有効である。
(5) いずれも沸点は100〔℃〕以上である。

【56】 灯油の性状として，次のうち誤っているものはどれか。
(1) 引火点はトルエンより高い。
(2) 水より軽い。
(3) 電気の不導体である。
(4) 発火点は約100〔℃〕である。
(5) 水に溶けない。

【57】 灯油の性状として，次のうち正しいものはどれか。
(1) 液温が常温（20〔℃〕）程度でも引火の危険性がある。
(2) 水によく溶ける。
(3) 無色，無臭である。
(4) 流動等により静電気を発生する。
(5) 発火点は100〔℃〕より低い。

【58】 軽油について，次のうち誤っているものはどれか。
(1) 水より軽い。
(2) 沸点は水より高い。
(3) 蒸気は空気よりわずかに軽い。
(4) ディーゼル機関などの燃料に用いられる。
(5) 引火点は，45〔℃〕以上である。

【59】 軽油について，次のうち誤っているものはどれか。
(1) 水より蒸発しにくい。
(2) ぼろ布などにしみ込んだものは，自然発火する危険性がある。
(3) 淡黄色または淡褐色の液体である。
(4) 水より軽く，かつ水に溶けない。
(5) ガソリンが混合された軽油は引火の危険性が高くなる。

【60】 灯油及び軽油に共通する性状として，A～Eのうち誤っているものはいくつあるか。
A 引火点は，常温（20〔℃〕）より高い。　　B 発火点は，100〔℃〕より低い。
C 蒸気は，空気より重い。　　D 水に溶けない。
E 水より重い。
(1) 1つ　　(2) 2つ　　(3) 3つ
(4) 4つ　　(5) 5つ

【61】 クロロベンゼンの性状として，次のうち正しいものはどれか。
(1) 水より軽い。
(2) 蒸気の燃焼範囲は1～20vol%である。
(3) 水，アルコールには溶けない。
(4) 無色の液体である。
(5) 引火点は常温（20℃）より低い。

【62】 キシレンの性状として，次のうち誤っているものはどれか。
(1) 無臭である。
(2) 無色の液体である。
(3) 静電気が発生しやすい。
(4) 水よりも軽い。
(5) 3つの異性体が存在する。

【63】 n-ブチルアルコールの性状として，次のうち誤っているものはどれか。
(1) 水より軽い。
(2) 引火点は灯油より低い。
(3) アルコール類に分類される。
(4) 無色透明の液体である。
(5) 引火点は常温（20〔℃〕）より高い。

【64】 酢酸の性状について，次のうち誤っているものはどれか。
(1) 高濃度の酢酸は，低温で氷結するため氷酢酸と呼ばれる。
(2) エタノール，ベンゼンに溶ける。
(3) 粘性が高く，水には溶けない。
(4) アルコールと反応して酢酸エステルをつくる。
(5) 金属を強く腐食する。

【65】 アクリル酸の性状として，次のうち誤っているものはどれか。
(1) 水より重い。
(2) 蒸気は空気より重い。
(3) 水に溶けるが，ベンゼン，エーテルには溶けない。
(4) 引火点は（20〔℃〕）より高い。
(5) 無色透明の液体である。

第3 石油類

【66】 第3石油類について，誤っているものはどれか。
(1) 引火点が70〔℃〕以上250〔℃〕未満の液体である。
(2) 水より重いものがある。
(3) 重油やグリセリンが該当する。
(4) 常温では引火する危険性は少ない。
(5) 非水溶性液体の消火には二酸化炭素や粉末消火剤が有効である。

【67】 重油の性状として，次のうち誤っているものはどれか。
(1) 日本工業規格では，1種（A重油），2種（B重油）及び3種（C重油）に分類されている。
(2) 水に溶けない。
(3) 種類などにより，引火点は若干異なる。
(4) 発火点は，70〜150〔℃〕である。
(5) 不純物として含まれている硫黄は，燃えると有毒ガスになる。

【68】 次の文の下線部分A〜Eのうち，誤っている箇所はどれか。
「C重油は，(A)褐色または暗褐色の液体で，(B)引火点は一般に70〔℃〕以上と高く，(C)常温（20〔℃〕）で液体のまま取扱えば引火の危険は少ないが，いったん燃え始めると，(D)液温が高くなっているので消火が困難な場合がある。大量に燃えている火災の消火には，(E)棒状注水が適する。」
(1) A (2) B (3) C (4) D (5) E

【69】 クレオソート油の性状として，次のうち正しいものはどれか。
(1) 無色，無臭の液体である。
(2) 蒸気は引火する危険は少ない。
(3) 燃焼温度は低い。
(4) アルコール，ベンゼンに溶ける。
(5) 水より軽い。

【70】 アニリンの性状として，次のうち誤っているものはどれか。
(1) 水に溶けにくい。
(2) 蒸気比重は空気より重い。
(3) 蒸気は有害である。
(4) エタノールやベンゼンによく溶ける。
(5) 無色無臭の液体である。

【71】 グリセリンの性状として，次のうち誤っているものはどれか。
(1) 加熱しない限り引火する危険は少ない。
(2) 水に溶けない。
(3) 蒸気の比重は空気よりも重い。
(4) 二硫化炭素，ベンゼンには溶けない。
(5) 甘味のある無色無臭の液体である。

第2章　練習問題

第4石油類

【72】　第4石油類の性状として，次のうち誤っているものはどれか。
(1)　水に溶けない。
(2)　常温（20〔℃〕）で引火する。
(3)　常温では蒸発しにくい。
(4)　火災になった場合は液温が高くなり消火が困難となる。
(5)　潤滑油には多くの種類がある。

【73】　次の文の（　）内のA～Cに当てはまる語句の組合せはどれか。
「第4石油類に属する物品は，（A）が高いので，一般に（B）しない限り引火する危険はないが，いったん燃え出したときは（C）が非常に高くなっているので，消火が困難な場合がある。」

	A	B	C
(1)	沸点	蒸発	気温
(2)	沸点	沸騰	気温
(3)	引火点	加熱	液温
(4)	引火点	加熱	気温
(5)	蒸気密度	沸騰	液温

動植物油類

【74】　動植物油類の性状として，正しいものはいくつあるか。
A　ぼろ布にしみこんだものは自然発火することがある。
B　空気にさらすと硬化しやすいものほど，自然発火しやすい。
C　水に溶ける。
D　一般に不飽和脂肪酸は含まない。
E　ナタネ油やアマニ油が該当する。
(1)　1つ　　(2)　2つ　　(3)　3つ　　(4)　4つ　　(5)　5つ

【75】　動植物油類の自然発火について，次のうち誤っているものはどれか。
(1)　乾性油の方が不乾性油より自然発火しやすい。
(2)　ヨウ素価が大きいものほど，自然発火しやすい。
(3)　引火点が高いものほど，自然発火しやすい。
(4)　発生する熱が蓄積しやすいほど，自然発火しやすい。
(5)　貯蔵中は換気をよくするほど，自然発火しにくい。

【76】　容器内で燃焼している動植物油に注水すると危険な理由として，次のうち正しいものはどれか。
(1)　水が容器の底に沈み，徐々に油面を押し上げるから。
(2)　高温の油水混合物は，単独の油より燃焼点が低くなるから。
(3)　注水が空気を巻き込み，火炎及び油面に酸素を供給するから。
(4)　油面をかき混ぜ，油の蒸発を容易にさせるから。
(5)　水が激しく沸騰し，燃えている油を飛散させるから。

第2章　危険物の性質並びにその火災予防及び消火の方法

===== 総 合 問 題 =====

【1】　引火点の低いものから高いものの順になっているものは次のうちどれか。
　(1)　重　　　油　→　ギヤー油　→　軽　　　油
　(2)　ジエチルエーテル　→　キ シ レ ン　→　重　　　油
　(3)　ギヤー油　→　灯　　　油　→　二硫化炭素
　(4)　軽　　　油　→　ガ ソ リ ン　→　ト ル エ ン
　(5)　大 豆 油　→　エ タ ノ ー ル　→　灯　　　油

【2】　危険物の性状として，次のうち誤っているものはどれか。
　(1)　重油は水より軽く，水に溶けない。
　(2)　二硫化炭素は，燃焼すると有毒な硫化水素ガスを発生する。
　(3)　メタノールは引火点11〔℃〕で毒性があり，水によく溶ける。
　(4)　灯油は水に溶けない。また，その蒸気は空気より重い。
　(5)　ベンゼンは水に溶けない。また，蒸気は毒性がある。

【3】　次のA～Eの物質のうち，引火点が21〔℃〕未満のものはいくつあるか。
　　A　ガソリン　　B　灯　油　　C　軽　油　　D　ギヤー油　　E　ベンゼン
　(1)　1つ
　(2)　2つ
　(3)　3つ
　(4)　4つ
　(5)　5つ

【4】　ガソリン，灯油，軽油に共通する事項として，正しいものはどれか。
　(1)　原油から分留される炭化水素の化合物である。
　(2)　常温（20〔℃〕）で引火する。
　(3)　冷却消火が適している。
　(4)　第2石油類の非水溶性液体である。
　(5)　流動，撹はんにより静電気を発生する。

【5】　次の危険物の中で，水中に水没して保管しなければならないものはどれか。
　(1)　酸化プロピレン
　(2)　二硫化炭素
　(3)　酢酸エチル
　(4)　クレオソート油
　(5)　アセトアルデヒド

第3章 危険物に関する法令

1. 消 防 法 I

1. 危険物の法規制

危険物は貯蔵し，取り扱う数量の多少により，次のような法規制がある。

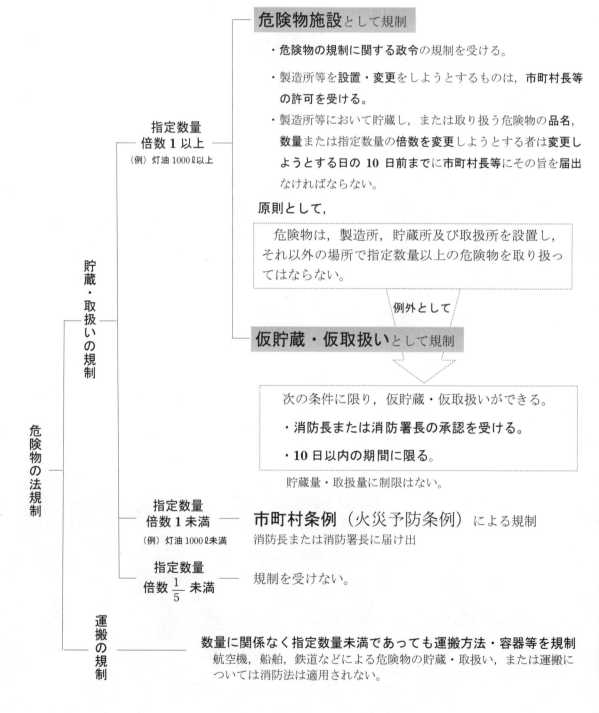

2. 指定数量の計算

指定数量とは，危険物についてその危険性を勘案して政令で定められた数量を指し，指定数量の少ないものほど危険性が高く，逆に多くなると危険性が低くなる。

1. 第4類危険物の指定数量

品名	性質	指定数量	法別表・備考
特殊引火物		50〔ℓ〕	ジエチルエーテル，二硫化炭素，アセトアルデヒド，酸化プロピレン
第1石油類	非水溶性	200〔ℓ〕	ガソリン，ベンゼン，トルエン，酢酸エチル
	水溶性	400〔ℓ〕	アセトン，ピリジン
アルコール類	水溶性	400〔ℓ〕	メタノール，エタノール
第2石油類	非水溶性	1,000〔ℓ〕	灯油，軽油，クロロベンゼン，キシレン
	水溶性	2,000〔ℓ〕	酢酸，プロピオン酸　アクリル酸
第3石油類	非水溶性	2,000〔ℓ〕	重油，クレオソート油，アニリン，ニトロベンゼン
	水溶性	4,000〔ℓ〕	エチレングリコール，グリセリン
第4石油類	非水溶性	6,000〔ℓ〕	ギヤー油，シリンダー油，タービン油，マシン油
動植物油類	非水溶性	10,000〔ℓ〕	ヤシ油，オリーブ油，ナタネ油，ヒマワリ油，アマニ油

> 水溶性液体の指定数量は，非水溶性液体の2倍。

2. 指定数量の倍数計算

・品名が1種類の危険物

$$\frac{\text{Aの貯蔵量}}{\text{Aの指定数量}} = \text{指定数量の倍数}$$

・品名が2種類以上の危険物

$$\frac{\text{Aの貯蔵量}}{\text{Aの指定数量}} + \frac{\text{Bの貯蔵量}}{\text{Bの指定数量}} = \text{指定数量の倍数}$$

> **指定数量の単位**
> 第4類危険物は「ℓ」
> 他の類は「kg」

例題 ガソリン100〔ℓ〕，灯油800〔ℓ〕を貯蔵する場合，その総量は指定数量の何倍になるか。

［解説］ガソリンは第1石油類に分類され，指定数量は200〔ℓ〕
灯油は第2石油類に分類され，指定数量は1,000〔ℓ〕

式に当てはめると $\dfrac{100}{200} + \dfrac{800}{1,000} = 0.5 + 0.8 = 1.3$

答　1.3〔倍〕

> **指定数量**
> ガソリン 200ℓ
> 灯油 1,000ℓ

3. 製造所等の設置から用途廃止までの手続

製造所等を設置並びに位置, 構造または設備の変更をしようとするときは, **市町村長等**に申請して許可を受けた後に工事に着手する。

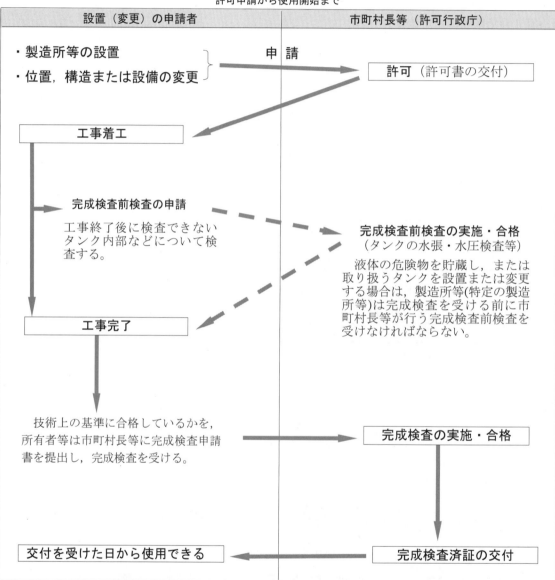

許可申請から使用開始まで

注
- 移動タンク貯蔵所の常置場の移転の際は, 常置場の位置, 構造, 設置の変更になるので, 移転先を管轄する市町村長等の**変更許可**を受けなければならない。
- 完成検査済証の交付前に製造所等を**使用**したとき, **許可の取消し, または使用停止命令**。

1. 消防法Ⅰ

1. 危険物施設の設置，変更・譲渡または引渡し・廃止

① ・製造所等の設置
　・位置・構造または設備の変更　　事前に申請　→　市町村長等　⇒　許可

　※　許可を受けないで製造所等の位置，構造，設備を変更したとき，許可の取消し，または使用停止。

② 製造所等の譲渡または引渡しを受けた者　　遅滞なく届出　→　市町村長等

③ 製造所等の用途を廃止したとき製造所等の所有者　　遅滞なく届出　→　市町村長等

　市町村長等 … 市町村長，都道府県知事，総務大臣

2. 製造所等の設置場所と許可権者

場　　所	許可権者
消防本部及び消防署を設置している市町村の区域（移送取扱所を除く）	市町村長
消防本部及び消防署を設置していない市町村の区域（移送取扱所を除く）	都道府県知事

3. 仮使用

　既に完成検査を受け，使用中の製造所等の施設の一部で変更の工事を行う場合，製造所等の施設の変更工事に関わる部分以外の部分を**市町村長等の承認**を受ければ，完成検査を受ける前でも**承認を受けた部分を使用できる**。

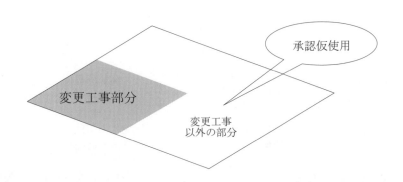

4. 危険物取扱者

危険物取扱者とは，**危険物取扱者の試験に合格し，都道府県知事から危険物取扱者免状の交付を受けた者**を指す。

1. 免状の種類

種類	取扱作業	立会う権限	危険物保安監督者に選任される資格	定期点検
甲種	すべての類（1〜6類）	○	○*	○
乙種	指定された類	○	○*	○
丙種	ガソリン，灯油，軽油，第3石油類（重油，潤滑油及び引火点130〔℃〕以上のもの），第4類石油類，動植物油類	×	×	○

*6ヶ月以上の危険物取扱いの実務経験を有する者。

> **危険物取扱者**
> 危険物の取扱いは危険物取扱者が行い，危険物取扱者以外の者は甲種又は乙種（指定された類）危険物取扱者が立会わなければ危険物の取扱いをすることはできない。

2. 危険物取扱者の責務

① 危険物の取扱作業に従事するときは貯蔵・取扱の技術上の基準を遵守し，危険物の保安について細心の注意を払う。

③ 移動タンク貯蔵所による危険物の移送はその危険物を取り扱うことのできる危険物取扱者を乗車させ，また免状を携帯する必要がある。

④ 甲種，乙種危険物取扱者は危険物の取扱い作業の**立ち会い**をする場合は，取扱い作業に従事する者が危険物の貯蔵・取扱いの技術上の基準を遵守するように監督する。

⑤ 甲種，乙種危険物取扱者は危険物取扱者以外の者が作業をしている場合，必要に応じて指示を与える。

> **危険物取扱者免状**
> ・免状については，すべて都道府県知事の所管である。
> ・交付を受けた都道府県だけでなく，全国有効である。

3. 免状の交付等

手続き方法	内　　容	申　請　先
交　付	危険物取扱者試験に合格した者	都道府県知事
書換え	氏名・本籍が変わったとき 免状の写真が**10年**を経過したとき	・免状を交付した**都道府県知事** ・居住地又は勤務地の**都道府県知事**
再交付	免状の**亡失・滅失・汚損破損**したとき	免状の交付又は書換えをした**都道府県知事**
亡失した免状を発見	発見した免状を**10日以内に提出**	免状の再交付を受けた**都道府県知事**

> **危険物取扱者以外の者が危険物を取り扱う場合**
> 指定数量未満でも甲種又は乙種危険物取扱者の立会いが必要である。

4. 免状の返納命令・不交付

免状の返納命令	都道府県知事は，危険物取扱者が消防法または消防法に基づく命令の規定に違反しているときは，免状の返納を命じることができる。
免状の不交付	都道府県知事は，試験に合格した者であっても，次の項目に該当する場合は免状の交付を行わないことができる。 ・都道府県知事から免状の返納を命じられ，その日から起算して **1年** を経過しない者。 ・消防法または消防法に基づく命令の規定に違反して罰金以上の刑に処せられた者で，その執行が終わり，また執行を受けることがなくなった日から起算して **2年** を経過しない者。

5. 保安講習

保安講習とは，**危険物の取扱い作業に従事している危険物取扱者を対象に**都道府県知事が行う保安に関する講習である。この講習は，免状を取得している者でも，危険物の取扱い作業に従事してなければ講習の受講義務はない。

保安講習の受講場所
どこの都道府県でも受講できる。

受講義務がある者が受講しなかった場合
免状の返納を命じられることもある。

① 継続して危険物取扱い作業に従事している者

保安講習を受講した日以後における最初の4月1日から **3年以内** ごとに受講

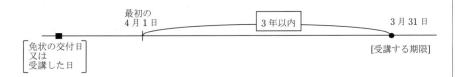

② 新たに従事する者

従事することになった日から **1年以内** に受講し，その後は受講した日以後における最初の4月1日から **3年以内** ごとに受講

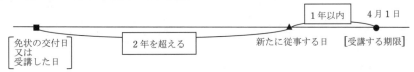

③ 新たに従事する者のうち，従事することになった日の過去2年以内に危険取扱者免状の交付または講習を受けている者

免許交付日またはその受講日以後における最初の4月1日から **3年以内** に受講し，その後は受講した日以後における最初の4月1日から **3年以内** ごとに受講

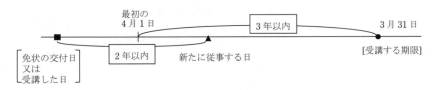

6. 製造所等の保安体制

災害の発生を防止するため、**危険物保安総括管理者**、**危険物保安監督者**、**危険物施設保安員**が制度化され、自立保安体制が確立されている。

製造所等の所有者・管理者・占有

政令で定める**製造所等の所有者等**は火災を予防するため**予防規程**を定め、**市町村長等の認可**を受けなければならない。

選任・解任
市町村長等に届出
（延滞なく）

危険物保安総括管理者
事務所長など

大量の第4類危険物を取り扱っている事業所で、危険物の保安に関する**業務を統括管理する者**。

- **危険物取扱者免状は必要ない。**
- 危険物保安統括管理者が**法や命令に違反**した場合、製造所等の所有者等は、**解任を命ずる**ことができ、市町村長等に届出なければならない。

選任・解任
市町村長等に届出
（延滞なく）

資格
6か月以上の実務経験を有する

甲種危険物取扱者　**乙種危険物取扱者**

危険物保安監督者

危険物の取扱作業に関して**保安を監督する者**。
（業務は次ページ）

危険物保安監督者が**消防法等の命令に違反**したときは、市長村長等から製造所等の所有者等に対して**解任命令**を出すことができる。

立ち会い　立ち会い　　　　　　指示

無資格者であっても製造所等の所有者等により選任されると、危険物施設保安員になることができる。

無資格者　　　　　**危険物施設保安員**

立ち会いがなければ無資格者だけで危険物を取り扱うことはできない。

製造所等の所有者等は、保安のための業務責任者として選任し、危険物保安監督者の下で**定期点検や各種装置の保守管理等**を行わせる。

- **危険物取扱者免状は必要ない。**

指定数量が100以上の製造所・一般取扱所・移送取扱所のみ**選任・解任**

⇨は仕事の流れを示す

1. 消防法 I

1. 危険物保安監督者の業務
① 危険物の貯蔵・取扱の作業，技術上の基準，予防規程に定める保安基準に適合するように**作業者に対して必要な指示を与える**。
② 火災等の災害が発生した場合は，**作業者を指揮して応急の措置を講じ**，直ちに消防機関などに**連絡する**。
③ **危険物施設保安員に必要な指示を行う**。
④ 危険物取扱い作業の**保安に関し**，必要な**監督業務**を行う。
⑤ 火災等の災害防止のために，隣接製造所等その他関連施設の関係者との連絡を保つ。

2. 危険物施設保安員の業務
① 施設維持のための定期点検，臨時点検を行い，点検記録を保存する。
② 施設の異常を発見した場合は，危険物保安監督者等への連絡と適当な措置を講じる。
③ 火災が発生したときや火災発生の危険性が大きいときは，危険物保安監督者と協力して応急措置を講じる。

3. 選任が必要な製造所等

危険物保安統括管理者

製造所	移送取扱所	一般取扱所
指定数量の3000倍以上	指定数量以上	指定数量の3000倍以上

危険物保安監督者

製造所	屋外タンク貯蔵所	給油取扱所	移送取扱所

貯蔵し，又は取扱う危険物の数量に関係なく，選任しなければならない。

選任を必要としない製造所等 ⟹ **移動タンク貯蔵所**

危険物施設保安員

製造所	一般取扱所	移送取扱所
指定数量の100倍以上	指定数量の100倍以上	すべてのもの

危険物保安監督者の資格
・6か月以上の危険物取扱いの実務経験を有する甲種又は乙種（指定された類）危険物取扱者。
・丙種危険物取扱者は資格がない。

危険物取扱者免状は必要ない

・危険物保安統括管理者
・危険物施設保安員

危険物取扱者免状が必要

・危険物保安監督者

7. 予防規程

予防規程とは**製造所等の火災を予防するために危険物の保安に関して，具体的，自主的な基準を設けた規程**である。

一定規模以上の製造所等の所有者・管理者・占有者は予防規程を定め，また変更したときは市町村長等の認可を受けなければならない。

所有者・管理者・占有者・従業員は予防規程を遵守しなければならない。

市町村長等は火災予防のため，**必要があるときは予防規程の変更**を命ずることができる。

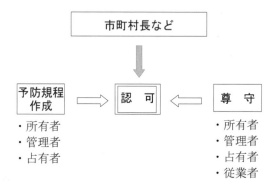

定めるべき主な事項

① 危険物保安監督者がその職務を行うことができない場合にその職務を代行するものに関すること。
② 危険物の保安のための巡視，点検及び検査に関すること。
③ 危険物の保安に係わる作業に従事する者に対する保安教育に関すること。
④ 災害その他の非常の場合に取るべき措置に関すること。
⑤ 化学消防自動車の設置その他自衛の消防組織に関すること。

定めなければならない製造所等

製造所

指定数量の10倍以上

屋内貯蔵所
指定数量の150倍以上

屋外タンク貯蔵所

指定数量の200倍以上

屋外貯蔵所

指定数量の100倍以上

一般取扱所

指定数量の10倍以上

給油取扱所

すべて定める

移送取扱所

すべて定める

8. 定期点検

製造所等の所有者，管理者，占有者は製造所等の位置，構造，設備が技術上の基準に適合しているかどうかを **1 年に 1 回以上点検**し，その点検記録を作成して **3 年間保存**することが義務づけられている。

> **定期点検の記録**
> 保存するが，市町村長等に報告の必要はない。

1. 点検事項
製造所等の位置，構造，設備が技術上の基準に適合しているかを点検する。

2. 点検実施者
① 危険物取扱者
② 危険物施設保安員
③ 危険物取扱者の立ち会いの下で，危険物取扱者以外の者

3. 点検記録事項
① 点検した製造所等の名称
② 点検年月日
③ 点検の方法及び結果
④ 点検を行った者または点検に立ち会った危険物取扱者の氏名

4. 点検実施対象施設

製造所等の区分	危険物の数量等
製造所	指定数量の 10 倍以上及び地下タンクを有するもの
屋内貯蔵所	指定数量の 150 倍以上
屋外タンク貯蔵所	指定数量の 200 倍以上
地下タンク貯蔵所	すべて必要
移動タンク貯蔵所	すべて必要
屋外貯蔵所	指定数量の 100 倍以上
給油取扱所	地下タンクを有するもの
移送取扱所	すべて必要（適用除外施設を除く）
一般取扱所	指定数量の 10 倍以上及び地下タンクを有するもの

> **定期点検**
> 不要な施設
> ・屋内タンク貯蔵所
> ・簡易タンク貯蔵所
> ・販売取扱所

> **MEMO**
> 定期点検の実施，記録の作成，保存がなされないとき，**許可の取り消しと使用停止命令**

練習問題

危険物の法規制

【1】 次の文の（　）内の（A）～（C）に当てはまる語句の組合せのうち，正しいものはどれか。

「指定数量以上の危険物は，貯蔵所以外の場所でこれを貯蔵し，または製造所，貯蔵所及び取扱所以外の場所でこれを取扱ってはならない。

ただし，（A）の（B）を受けて（C）日以内の期間，仮に貯蔵し，または取扱う場合は，この限りでない。」

	（A）	（B）	（C）
(1)	都道府県知事	許可	10
(2)	市町村長等	許可	5
(3)	市町村長等	承認	10
(4)	所轄消防長または消防署長	承認	10
(5)	所轄消防長または消防署長	許可	5

【2】 指定数量未満の危険物について，次のうち正しいものはどれか。
(1) 指定数量未満の危険物とは，市町村条例で定められた数量未満の危険物をいう。
(2) 指定数量未満の危険物を車両で運搬する場合の技術上の基準は，市町村条例で定められている。
(3) 法別表で定める品名が異なる危険物を同一の場所で貯蔵し，または取扱う場合，品名ごとの数量が指定数量未満であれば，指定数量以上の危険物を貯蔵し，または取扱う場所とみなされることはない。
(4) 指定数量未満の危険物を貯蔵し，または取扱う場合の技術上の基準は，市町村条例で定められている。
(5) 指定数量未満の危険物を貯蔵し，または取扱う場合は，市町村長等の承認が必要である。

【3】 次の条文の下線部分（A）～（E）のうち，誤っている箇所はどれか。

「製造所，貯蔵所又は取扱所の (A) 位置，構造又は設備を変更しないで，当該製造所，貯蔵所又は取扱所において貯蔵し，又は取り扱う危険物の (B) 品名，数量又は (C) 指定数量の倍数を変更しようとする者は，(D) 変更してから10日までに，その旨を (E) 所轄消防長又は消防署長に届け出なければならない。」

(1) A
(2) C
(3) B と D
(4) D と E
(5) E

第3章　練習問題

指定数量

【4】 品名と指定数量の関係で誤っているものはどれか。

	品　名	該当する物品	指定数量
(1)	特殊引火物	二硫化炭素	50〔ℓ〕
(2)	アルコール類	エタノール	400〔ℓ〕
(3)	第1石油類	ベンゼン	400〔ℓ〕
(4)	第2石油類	軽　油	1,000〔ℓ〕
(5)	第3石油類	重　油	2,000〔ℓ〕

【5】 第4類の危険物の指定数量について，次のうち誤っているものはどれか。
(1) 第1石油類，第2石油類または第3石油類に属する危険物は，品名が同じであっても水溶性と非水溶性液体では，指定数量が異なる。
(2) 水溶性の第1石油類とアルコール類は，指定数量が同一である。
(3) 第2石油類と第3石油類では，指定数量が同一なものがある。
(4) 第4石油類と動植物油類とは，指定数量が同一である。
(5) 特殊引火物と第1石油類では，指定数量が同一なものはない。

【6】 法令上，次の危険物を同一場所に貯蔵する場合，指定数量の倍数の合計が最も大きいものはどれか。
(1) ガソリン　200〔ℓ〕　灯油　1,000〔ℓ〕　重油　2,000〔ℓ〕
(2) 灯　油　500〔ℓ〕　重油　1,000〔ℓ〕　ギヤー油　6,000〔ℓ〕
(3) ガソリン　100〔ℓ〕　軽油　2,000〔ℓ〕　重油　4,000〔ℓ〕
(4) 軽　油　500〔ℓ〕　重油　2,000〔ℓ〕　メタノール　200〔ℓ〕
(5) ガソリン　50〔ℓ〕　灯油　1,500〔ℓ〕　エタノール　400〔ℓ〕

【7】 現在，灯油を400〔ℓ〕貯蔵している。これと同一の場所に次の危険物を貯蔵する場合，指定数量以上になるものはどれか。
(1) ガソリン　100〔ℓ〕　(2) メタノール　200〔ℓ〕　(3) 軽　油　600〔ℓ〕
(4) 重　油　1,000〔ℓ〕　(5) ギヤー油　3,000〔ℓ〕

【8】 指定数量の異なる危険物 A，B 及び C を同一の貯蔵所で貯蔵する場合の指定数量の倍数として，次のうち正しいものはどれか。
(1) A，B 及び C の貯蔵量の和を，A，B 及び C の指定数量のうち，最も小さい数値で除して得た値
(2) A，B 及び C の貯蔵量の和を，A，B 及び C の指定数量の平均値で除して得た値
(3) A，B 及び C の貯蔵量の和を，A，B 及び C の指定数量の和で除して得た値
(4) A，B 及び C それぞれの貯蔵量を，それぞれの指定数量で除して得た値の和
(5) A，B 及び C それぞれの貯蔵量を，A，B 及び C の指定数量の平均値で除して得た値の和

【9】 同一の貯蔵所で次の危険物を貯蔵している場合，指定数量の何倍になるか。

　　　ガソリン 18〔ℓ〕入りの金属缶 10 缶
　　　軽　油　200〔ℓ〕入りの金属製ドラム 25 本
　　　重　油　200〔ℓ〕入りの金属製ドラム 50 本

(1)　7.0 倍
(2)　8.5 倍
(3)　9.1 倍
(4)　10.9 倍
(5)　12.5 倍

製造所等の設置許可等の手続き

【10】 次の文の（　）内の（A）～（C）に当てはまる語句の組合せのうち，正しいものはどれか。

「製造所等（移送取扱所を除く）を設置するためには，消防本部及び消防署を置く市町村の区域では当該（A），その他の区域では当該区域を管轄する（B）の許可を受けなければならない。
また，工事完了後には必ず（C）により，許可内容どおり設置されているかどうかの確認を受けなければならない。」

	(A)	(B)	(C)
(1)	消防長または消防署長	市町村長	機能検査
(2)	市町村長	都道府県知事	完成検査
(3)	市町村長	都道府県知事	機能検査
(4)	消防長	市町村長	完成検査
(5)	消防署長	都道府県知事	書類審査

【11】 危険物施設の使用開始までの手続きとして，次のうち誤っているものはどれか。

(1)　給油取扱所を設置した場合は，完成検査済証の交付を受けなければ使用できない。
(2)　第 4 類の屋内貯蔵所を設置する場合は，完成検査を受ける前に完成前検査を受けなければならない。
(3)　製造所を設置する場合は，市町村長等の許可を受けなければならない。
(4)　第 4 類の屋外タンク貯蔵所を設置する場合は，完成前検査を受けなければならない。
(5)　屋外タンク貯蔵所を設置する場合は，完成検査を受ける前の仮使用承認申請はできない。

【12】 市町村長等の許可を受けなければならないのは，次のうちどれか。

(1)　変更工事に関わる部分以外の部分の全部又は一部を仮に使用する場合。
(2)　設置又は変更の許可を受けた製造所等が完成した場合。
(3)　製造所等の位置，構造又は設備を変更する場合。
(4)　指定数量以上の危険物を 10 日以内の期間，仮に貯蔵し，又は取り扱う場合。
(5)　法令に指定された製造所等において，予防規程を作成又は変更する場合。

第3章　練習問題

【13】 製造所等を設置し，又は変更しようとするときの手続きについて誤っているものはどれか。
(1) 製造所等を設置しようとする者は，市町村長等の認可を受けなければならない。
(2) 許可を受けて製造所等を設置したときは，市町村長等の行う完成検査を受けて，基準に適合していると認められた後でなければ，これを使用してはならない。
(3) 製造所等の位置，構造及び設備を変更する場合において，市町村長等の許可を得た後でなければ，工事に着手してはならない。
(4) 製造所等の位置，構造及び設備を変更しようとする場合は，市町村長等に許可申請をしなければならない。
(5) 設置許可申請は，当該製造所等が消防本部及び消防署をおかない市町村の区域にある場合は当該区域を管轄する都道府県知事に提出しなければならない。

仮使用

【14】 仮使用の説明として，次のうち正しいものはどれか。
(1) 仮使用とは，定期点検中の製造所等を10日以内の期間，仮に使用することをいう。
(2) 仮使用とは，製造所等を変更する場合に工事が終了した部分を仮に使用することをいう。
(3) 仮使用とは，製造所等の設置工事において，工事終了部分の機械装置を完成検査前に試運転することをいう。
(4) 仮使用とは，製造所等を変更する場合，変更工事の開始前に仮に使用することをいう。
(5) 仮使用とは，製造所等を変更する場合に，変更工事に関わる部分以外の部分の全部又は一部を，市町村長等の承認を得て完成検査前に仮に使用することをいう。

【15】 給油取扱所を仮使用しようとする場合，内容，理由等が法令の趣旨に適合する申請は次のうちどれか。
(1) 給油取扱所の設置許可を受けたが，完成検査前に使用したいので，仮使用の申請を行う。
(2) 給油取扱所において専用タンクを含む全面的な変更許可を受けたが，工事中も営業を休むことができないので，変更部分について仮使用の申請を行う。
(3) 給油取扱所の完成検査を受けたが，一部が不合格となったので完成検査に合格した部分のみを使用するために仮使用の申請を行う。
(4) 給油取扱所の専用タンクの取替工事中，鋼板製ドラムから自動車の燃料タンクに直接給油するために仮使用の申請を行う。
(5) 給油取扱所の事務所を改装するため変更許可を受けたが，その工事中に変更部分以外の部分の一部を使用するために仮使用の申請を行う。

第3章　危険物に関する法令

危険物取扱者

【16】　免状に関する説明として，次のうち誤っているものはどれか。
(1)　免状の氏名，本籍に変更が生じたときは，居住地または勤務地を管轄する市町村長にその書換えを申請しなければならない。
(2)　免状を亡失した場合は，免状を交付または書換えをした都道府県知事に，その再交付を申請することができる。
(3)　免状の再交付を受けた後，亡失した免状を発見した場合は，これを10日以内に免状の再交付を受けた都道府県知事に提出しなければならない。
(4)　免状の種類には，甲種，乙種及び丙種がある。
(5)　乙種危険物取扱者は免状に指定する類の危険物のみを取扱うことができる。

【17】　次のうち正しいものはどれか。
(1)　乙種危険物取扱者は，乙種危険物のみを取扱うことができる。
(2)　丙種危険物取扱者が取扱うことのできる危険物はガソリン，灯油，軽油，重油及びアルコール類に限られる。
(3)　免状を破損または汚損したときは当該免状を交付した都道府県知事に書換えの申請をしなければならない。
(4)　免状を亡失したときは亡失した区域を管轄する市町村長に再交付を申請しなければならない。
(5)　都道府県知事は危険物取扱者が，法または法に基づく命令の規程に違反したときは，免状の返納を命じることができる。

【18】　次の文章の（　）内のA～Cに当てはまる語句の組合せはどれか。
「免状の再交付は，当該免状の（A）をした都道府県知事に申請することができる。免状を亡失し，その再交付を受けたものは，亡失した免状を発見した場合は，これを（B）以内に免状の（C）を受けた都道府県知事に提出しなければならない。」

	A	B	C
(1)	交　付	20日	再交付
(2)	交付または書換え	7日	交　付
(3)	交　付	14日	再交付
(4)	交付または書換え	10日	再交付
(5)	交付または書換え	10日	交　付

【19】　免状について，次のうち誤っているものはどれか。
(1)　免状は，それを取得した都道府県の区域内だけでなく，全国で有効である。
(2)　免状の記載事項に変更を生じたときは，遅滞なくその書換えを申請しなければならない。
(3)　免状を亡失または汚損等をしたときは，当該免状の交付または書換えをした都道府県知事に，その再交付を申請することができる。
(4)　乙種危険物取扱者が取扱える危険物の種類は，免状に指定されている。
(5)　免状を亡失し，再交付を受けようとするときは，亡失した日から10日以内に，亡失した区域を管轄する都道府県知事に届け出なければならない。

第3章　練習問題

【20】　製造所等における危険物の取扱いについて，次のうち正しいものはどれか。
(1)　所有者等の指示があった場合は，危険物取扱者以外の者でも危険物取扱者の立会いなしに危険物を取扱うことができる。
(2)　危険物取扱者以外の者が危険物を取扱う場合には，指定数量未満であっても甲種危険物取扱者または当該危険物を取扱うことができる乙種危険物取扱者の立会いが必要である。
(3)　丙種危険物取扱者が立ち会うことができるのは，自ら取扱いができる危険物に限られている。
(4)　すべての乙種危険物取扱者は，丙種危険物取扱者が取扱える危険物を自ら取扱うことができる。
(5)　免状の交付を受けている者は，指定数量未満であればすべての危険物を取扱うことができる。

【21】　法令上，危険物取扱者について，次のうち誤っているものはどれか。
(1)　危険物取扱者が危険物の取扱作業に従事するときは，貯蔵又は取扱いの技術上の基準を遵守するとともに，当該危険物の保安の確保について細心の注意を払わなければならない。
(2)　危険物取扱者が法又は法に基づく命令の規定に違反しているときは，免状の返納を命ぜられることがある。
(3)　製造所等において，甲種又は乙種の危険物取扱者の立会いがあれば，危険物取扱者以外の者が危険物を取り扱うことができる。
(4)　製造所等において，丙種危険物取扱者の立会いがあれば，危険物取扱者以外の者が定期点検（規則で定める漏れに関する点検及び固定式泡消火設備に関する点検を除く。）を行うことができる。
(5)　丙種危険物取扱者は，製造所等において，第四類のすべての危険物を取扱うことができる。

【22】　危険物取扱者について，次のうち誤っているものはいくつあるか。
　A　丙種危険物取扱者が取り扱うことのできる危険物は，灯油，軽油，第3石油類（重油，潤滑油及び引火点130℃以上のものに限る），第4石油類，動植物油類である。
　B　乙種危険物取扱者が免状に指定する危険物について取り扱うことができる。
　C　丙種危険物取扱者は免状に指定された危険物を取り扱うことはできるが，危険物取扱者以外の者の取扱いに立ち会うことはできない。
　D　免状の交付を受けても，製造所等の所有者から選任されなければ，危険物取扱者ではない。
　E　甲種危険物取扱者のみが危険物保安監督者になることができる。
(1)　1つ　　(2)　2つ　　(3)　3つ
(4)　4つ　　(5)　5つ

【23】　免状の交付を受けている者が，その免状の書換えを申請しなければならないものは，次のうちどれか。
(1)　現住所が変わったとき。
(2)　免状の写真が，その撮影した日から10年を経過したとき。
(3)　危険物の取扱作業の保安に関する講習を受講したとき。
(4)　勤務先が変わったとき。
(5)　危険物保安監督者に選任されたとき。

【24】 免状の書換えまたは再交付の手続きの説明として，次のうち正しいものはどれか。
(1) 再交付は交付または書換えをした都道府県知事に申請することができる。
(2) 再交付は居住地または勤務地を管轄する市町村長に申請することができる。
(3) 書換えは居住地または本籍地を管轄する市町村長に申請することができる。
(4) 再交付は居住地を管轄する消防長または消防署長に申請しなければならない。
(5) 書換えは居住地を管轄する市町村長に申請しなければならない。

保安講習

【25】 危険物保安講習を受けなければならないものは次のうちどれか。
(1) すべての危険物取扱者。
(2) 危険物保安統括管理者及び危険物施設保安員。
(3) 製造所等で危険物の取扱作業に従事しているすべての者。
(4) 製造所等で危険物の取扱作業に従事している危険物取扱者以外の者。
(5) 製造所等で危険物の取扱作業に従事している危険物取扱者。

【26】 危険物保安講習に関することで正しいものはどれか。
(1) 危険物保安講習は，危険物の取扱作業に従事している危険物取扱者を対象に市町村長等が行う講習である。
(2) 受講義務のある危険物取扱者が受講しなければならない期間内に受講しなかった場合，免状の返納を命じられることがある。
(3) 製造所等において危険物の取扱作業に従事している，危険物取扱者及び危険物施設保安員は受講義務がある。
(4) 消防法令に違反し処分を受けた場合，1年以内に講習を受けなければならない。
(5) 製造所等において危険物保安監督者に選任された場合のみ，講習を受けなければならない。

【27】 危険物の取扱作業の保安に関する講習について，次のうち誤っているものはどれか。
(1) 製造所等で危険物の取扱作業に従事している危険物取扱者は，受講の対象者となる。
(2) 製造所等で危険物の取扱作業に従事している危険物保安監督者は，受講の対象者となる。
(3) 受講義務のある危険物取扱者が受講しなかったときは，免状返納命令の対象となる。
(4) 受講義務のある危険物取扱者のうち，甲種及び乙種危険物取扱者は3年に1回，丙種危険物取扱者は5年に1回，それぞれ受講しなければならない。
(5) 免状の交付を受けた都道府県だけでなく，どこの都道府県で行われている講習であっても受講することが可能である。

第3章　練習問題

危険物保安体制

【28】 危険物保安統括管理者に関する説明で，誤っているものはどれか。
(1) 業務は危険物施設の保安業務を統括的に管理し，安全を確保することである。
(2) 危険物保安統括管理者を選任した場合は，遅滞なく市町村長等に届け出なければならない。
(3) 危険物保安統括管理者は6ヶ月以上の実務経験を有する，甲種または乙種（指定された類に限る）危険物取扱者である。
(4) 一定数量以上の第4類危険物を取り扱っている事業所は危険物保安統括管理者を定めなければならない。
(5) 危険物保安統括管理者を解任した場合は，遅滞なく市町村長等に届け出なければならない。

【29】 法令上、危険物保安監督者を選任しなくてもよい製造所等は、次のうちどれか。
(1) 製造所
(2) 屋外タンク貯蔵所
(3) 給油取扱所
(4) 移送取扱所
(5) 移動タンク貯蔵所

【30】 危険物保安監督者に関する説明で，誤っているものはどれか。
(1) 危険物保安監督者は危険物の取扱作業に関して保安の監督をする場合は，誠実にその職務を行わなければならない。
(2) 危険物保安監督者を選任した場合は，遅滞なく市町村長等に届け出なければならない。
(3) 危険物保安監督者は6ヶ月以上の実務経験を有する，甲種または乙種（指定された類に限る）危険物取扱者である。
(4) 製造所，屋外タンク貯蔵所，給油取扱所には貯蔵し取扱う危険物の数量に関係なく危険物保安監督者をおかなければならない。
(5) 危険物保安監督者が立ち会わない限り危険物取扱者以外の者は危険物を取り扱うことはできない。

【31】 危険物保安監督者に関する記述として，A～Eのうち正しいものはいくつあるか。
A 危険物保安監督者は，すべての製造所等において定められていなければならない。
B 危険物保安監督者は，危険物施設保安員が定められている製造所等にあっては，その指示に従って保安の監督をしなければならない。
C 危険物保安監督者は，火災などの災害が発生した場合は，作業者を指揮して応急の措置を講じると共に，直ちに消防機関などに連絡しなければならない。
D 危険物取扱者であれば，免状の種類に関係なく危険物保安監督者に選任される資格を有している。
E 危険物保安監督者を定めなければならない者は，製造所等の所有者等である。
(1) 1つ　　(2) 2つ　　(3) 3つ　　(4) 4つ　　(5) 5つ

【32】 製造所等における危険物保安監督者の業務として定められていないものは，次のうちどれか。
(1) 火災及び危険物の流出などの事故が発生した場合は，作業者を指揮して応急の措置を講じると共に，直ちに消防機関などに連絡すること。
(2) 危険物の取扱作業の実施に際し，当該作業が貯蔵および取扱いの技術上の基準などに適合するように作業者に対し，必要な指示を与えること。
(3) 危険物施設保安員を置く製造所等にあっては，危険物保安員に必要な指示を与えること。
(4) 製造所等の位置，構造又は設備の変更，その他，法に定める諸手続きに関する業務を行うこと。
(5) 火災などの災害の防止に関し，当該製造所等に隣接する製造所等，その他関連する施設の関係者との間に連絡を保つこと。

【33】 危険物施設保安員に関する説明で，正しいものはどれか。
(1) 危険物取扱者以外の者が危険物を取り扱う場合は，危険物施設保安員が立ち会わなければ，取り扱うことができない。
(2) 危険物施設保安員を解任した場合は，遅滞なく市町村長等に届け出なければならない。
(3) 危険物施設保安員は甲種，乙種又は丙種危険物取扱者である。
(4) 危険物施設保安員が選任されている製造所等では，危険物保安監督者を選任する必要はない。
(5) 危険物施設保安員は危険物保安監督者の下で定期点検や保守管理等を行う。

予防規程

【34】 法令上，予防規程に関する説明として，最も適切なものは，次のうちどれか。
(1) 製造所等における危険物保安監督者及び危険物取扱者の責務を定めた規定をいう。
(2) 製造所等の点検について定めた規定をいう。
(3) 製造所等の火災を予防するため，危険物の保安に関し必要な事項を定めた規程をいう。
(4) 製造所等における危険物保安統括管理者の責務を定めた規程をいう。
(5) 危険物の危険性をまとめた規程をいう。

【35】 予防規程について，次のうち誤っているものはどれか。
(1) 予防規程は，移送取扱所以外のすべての製造所等において定められていなければならない。
(2) 予防規程を定めたときは，市町村長等の認可を受けなければならない。
(3) 予防規程の内容は，危険物の貯蔵及び取扱いの技術上の基準に適合していなければならない。
(4) 市町村長等は火災の予防のために必要のあるときは，予防規程の変更を命ずることができる。
(5) 予防規程を変更するときは，市町村長等の認可を受けなければならない。

第3章　練習問題

【36】　予防規程について，次のうち正しいものはどれか。
(1) すべての製造所等の所有者等は，予防規程を定めておかなければならない。
(2) 自衛消防組織を置く事業所における予防規程は，当該組織の設置をもってこれに代えることができる。
(3) 予防規程は危険物取扱者が定めなければならない。
(4) 予防規程を変更するときは，市町村長等に届け出なければならない。
(5) 所有者及び従業者は，予防規程を守らなければならない。

届出の手続き

【37】　製造所等の所有者等が，市町村長等に10日前までに届け出なければならないものは，次のうちどれか。
(1) 危険物保安監督者の解任
(2) 危険物保安監督者の選任
(3) 製造所等の用途廃止
(4) 製造所等の譲渡または引渡
(5) 危険物の品名，数量または指定数量の倍数変更（製造所等の位置，構造，設備の変更を要しないもの）

【38】　製造所等の譲渡または引渡しを受けた場合の手続きとして，次のうち正しいものはどれか。ただし移動タンク貯蔵所は除く。
(1) 所轄消防長または消防署長の承認を受けなければならない。
(2) 市町村長等の承認を受けなければならない。
(3) 改めて当該区域を管轄する都道府県知事の許可を受けなければならない。
(4) 当該区域を管轄する都道府県知事の承認を受けなければならない。
(5) 遅滞なくその旨を市町村長等に届け出なければならない。

【39】　製造所等の当該所有者等が，市町村長等に届け出なければならないものはいくつあるか。
　A　製造所等の譲渡又は引き渡し
　B　危険物保安監督者の選任
　C　製造所等の設置
　D　製造所等の廃止
　E　危険物保安統括管理者の選任
(1) 1つ
(2) 2つ
(3) 3つ
(4) 4つ
(5) 5つ

定期点検

【40】 政令で定める製造所等の定期点検について，次のうち誤っているものはどれか。
(1) 危険物取扱者以外の者は危険物取扱者の立ち会いの下で，定期点検を実施できる。
(2) 製造所等が法令で定める技術上の基準に適合しているかどうかについて行う。
(3) 点検は必ず危険物取扱者が行わなければならない。
(4) 点検の記録は，原則として3年間保存しなければならない。
(5) すべての移動タンク貯蔵所は，定期点検の実施対象である。

【41】 製造所等の定期点検について，次のうち誤っているものはどれか。
(1) 定期点検の記録の作成がないときは，罰則の適用対象となる。
(2) 危険物取扱者は，定期点検を行うことができる。
(3) 危険物施設保安員は，定期点検を行うことができない。
(4) 定期点検の記録は，一定期間保存しなければならない。
(5) 定期点検は原則として，1年に1回以上行わなければならない。

【42】 定期点検の点検記録に記載しなければならない事項として，規則で定められていないものは，次のうちどれか。
(1) 点検の方法及び結果。
(2) 点検年月日。
(3) 点検をした製造所等の名称。
(4) 点検を実施した日を市町村等に報告した年月日。
(5) 点検を行った危険物取扱者若しくは危険物施設保安員又は点検に立ち会った危険物取扱者の氏名。

【43】 定期点検を実施し，その記録を保存しなければならない製造所等はいくつあるか。
  A すべての製造所
  B すべての屋外貯蔵所
  C すべての一般取扱所
  D すべての地下タンク貯蔵所
  E すべての移動タンク貯蔵所
(1) 1つ
(2) 2つ
(3) 3つ
(4) 4つ
(5) 5つ

2. 消防法Ⅱ（製造所等に関する規制）

1. 製造所等の区分

指定数量以上の危険物を取り扱う施設は**製造所・貯蔵所・取扱所**の3つに分類され，これらを総称して製造所等という。

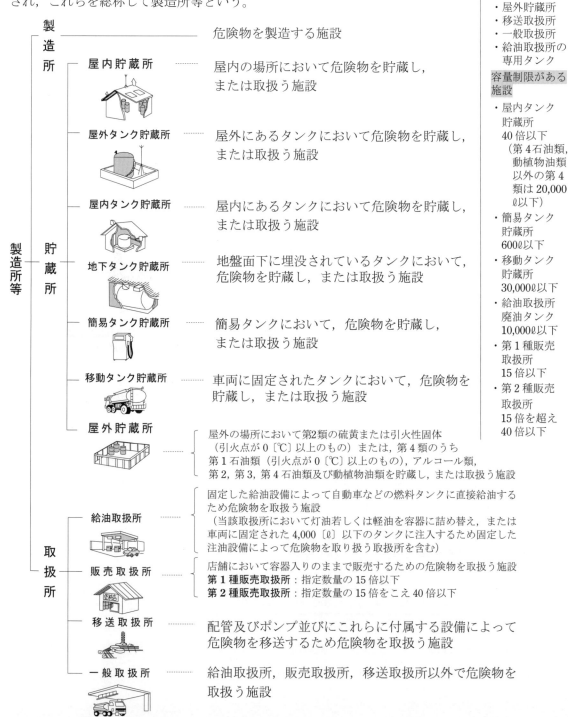

貯蔵容量

容量制限がない施設
- 製造所
- 屋内貯蔵所
- 屋外タンク貯蔵所
- 地下タンク貯蔵所
- 屋外貯蔵所
- 移送取扱所
- 一般取扱所
- 給油取扱所の専用タンク

容量制限がある施設
- 屋内タンク貯蔵所 40倍以下（第4石油類，動植物油類以外の第4類は20,000ℓ以下）
- 簡易タンク貯蔵所 600ℓ以下
- 移動タンク貯蔵所 30,000ℓ以下
- 給油取扱所廃油タンク 10,000ℓ以下
- 第1種販売取扱所 15倍以下
- 第2種販売取扱所 15倍を超え40倍以下

2. 製造所等の位置・構造・設備の基準

1. 位置の基準

・保安距離

保安距離とは製造所等の火災・爆発等の災害より住宅，学校，病院等の保安対象物の延焼を防ぎ，避難の目的から一定の距離を定めたものである。

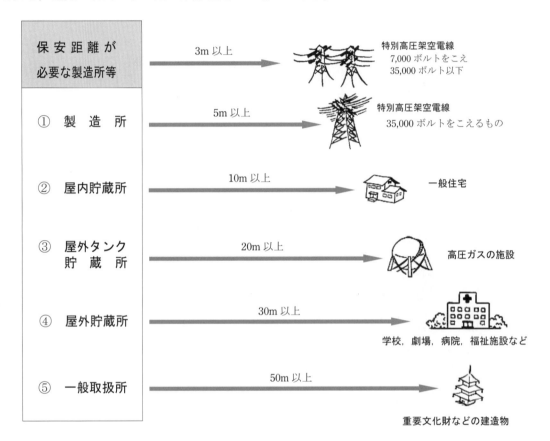

・保有空地

保有空地とは消火活動及び延焼防止のために製造所等の周囲に確保しなければならない空地である。製造所等により幅は異なるが，原則としていかなる物品も置くことはできない。

保有空地の幅

危険物の区分	保有空地
指定数量の10倍以下	3〔m〕以上
指定数量の10倍を超える	5〔m〕以上

保有空地を設けなければならない製造所等は，**製造所，屋内貯蔵所，屋外タンク貯蔵所，屋外貯蔵所，簡易タンク貯蔵所（屋外），一般取扱所**である。

2. 構造の基準
① 建築物は地階を設けられない。
② 窓，出入口は特定防火設備（甲種防火戸）または防火設備（乙種防火戸）にする。
③ 屋根は不燃材料で造り，金属板等の軽量な不燃材料でふく。
④ 床は危険物が浸透しない構造とし，適当な傾斜をつけ，貯留設備を設ける。

3. 設備の基準
① 建築物には，採光，照明，換気設備を設ける。
② 可燃性蒸気が滞留する場合は屋外の高所に排出する設備を設ける。
③ 電気設備は防爆構造とする。
④ 危険物のもれ，あふれ，飛散を防止する構造にする。
⑤ 静電気が発生するおそれのある設備には接地（アース）等の静電気を除去する装置を設ける。
⑥ 指定数量の10倍以上の場合は避雷設備を設ける。
製造所，屋内貯蔵所，屋外タンク貯蔵所，一般取扱所などに設ける。

不燃材料
・コンクリート
・れんが
・鉄鋼
・アルミニウム
・モルタル
・しっくい

耐火構造
・鉄筋コンクリート造
・れんが造など

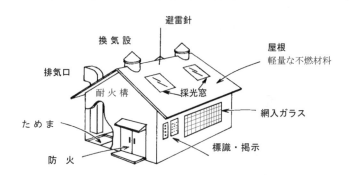

1. 屋内貯蔵所

1. 位置の基準
・**保安距離**：製造所の位置の基準を参照。
・**保有空地**：指定数量の倍数によって，設ける保有空地の広さは異なる。

2. 構造の基準
① 独立した専用の建築物とする。
② 地盤面から軒までの高さが **6〔m〕未満**の平屋建とし，床は地盤面以上とする。
③ 床面積は **1,000〔m²〕以下**とする。
④ 屋根は金属板等の軽量な不燃材料でつくり，天井は設けない。
⑤ 床は危険物が浸透しない構造とし，適当な傾斜をつけ，貯留設備を設ける。

3. 設備の基準

① **引火点が70**〔℃〕**未満の貯蔵倉庫**には，滞留した可燃性蒸気を屋根上に排出する設備を設ける。

② 貯蔵する**危険物の温度が55**〔℃〕を超えない。

③ 危険物は容器に収容して貯蔵する（塊状の硫黄は除く）。

④ 容器の積み重ねる高さは3〔m〕以下にする。
（第3石油類，第4石油類，動植物油類のみの場合は4〔m〕以下）。

⑤ 架台を設けるときは不燃材料で造り，容器が落下しないように基礎を固定する。

⑥ 建築物には，採光，照明，換気設備を設ける。

⑦ 電気設備は防爆構造とする。

⑧ 指定数量の10倍以上の場合は避雷設備を設ける。

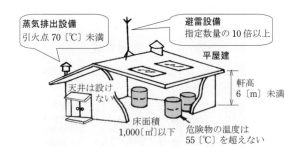

2. 屋外タンク貯蔵所

1. 位置の基準

① **保安距離**：製造所の位置の基準を参照。

② **保有空地**：指定数量の倍数によって，設ける保有空地の広さは異なる。

③ **敷地内距離**：屋外タンク貯蔵所に定められており，延焼防止のためにタンクの側板から敷地境界線まで，一定の距離をとらなければならない。
また引火点により敷地内距離は異なる。

保有空地
指定数量の倍数により
3m以上～
15m以上

敷地内距離
屋外タンク貯蔵所のみ必要

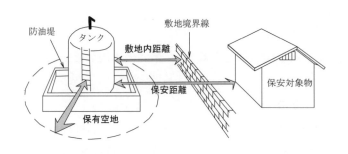

2. 構造の基準

① タンクは厚さ 3.2〔mm〕以上の鋼板で造る。
② タンクの外側は錆止め塗装，底板の外側は腐食防止の措置をする。
③ 水抜管はタンクの側板に設ける。

3. 設備の基準

① 容量制限はない。
② 圧力タンクには安全装置，非圧力タンクには**通気管**を設ける。
③ 液体危険物の貯蔵タンクには危険物の量を自動的に表示する設備を設ける。
④ 液体危険物の貯蔵タンクの周囲には**防油堤**を設ける。
⑤ 電気設備は防爆構造とする。
⑥ 静電気が発生するおそれのある液体危険物の注入口には接地（アース）等の静電気を除去する装置を設ける。
⑦ 指定数量の 10 倍以上の場合は**避雷設備**を設ける。

4. 防油堤の基準

① 液体危険物（二硫化炭素を除く）の屋外貯蔵タンクの周囲には防油堤を設けなければならない。
② 防油堤の容量はタンク容量の 110〔%〕以上とし，2 つ以上のタンクがある場合は最大タンク容量の 110〔%〕以上とする。
③ 防油堤の高さは 0.5〔m〕以上とする。
④ 防油堤の面積は 80,000〔m²〕以下にする。
⑤ 防油堤内のタンク数は 10 基以下にする。
⑥ 防油堤には**水抜口**を設ける（弁は防油堤の外側に設け，**常時閉鎖**）。

避雷設備
指定数量の 10 倍以上

通気管

防油堤

0.5〔m〕以上

コンクリート・土

水抜口

防油堤の容量　タンク容量の〔110%〕以上
防油堤の面積　80,000〔m²〕以下

・容器の積み重ね高さ
3m 以下
第 3 石油類，第 4 石油類，動植物油類のみの場合は，4m 以下

・計量口は，計量する以外は閉鎖しておく

・元弁及び注入口の弁，又はふたは危険物を入れ，又は出すとき以外は，閉鎖しておく。

防油堤
鉄筋コンクリート又は土で造りその中に収納された危険物が防油堤の外に流出しない構造であること。

水抜口
通常は閉鎖しておき，堤内に滞水した場合はすみやかに排出すること。

3. 屋内タンク貯蔵所

1. 位置の基準

保安距離，保有空地は必要ない。

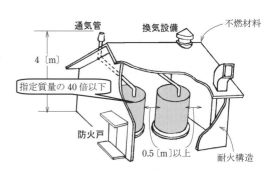

2. 構造の基準

① 屋内タンクは原則として平屋建てのタンク専用室に設置すること。

② タンクはタンク専用室の壁から **0.5〔m〕以上**，また **2 つ以上のタンク**を設ける場合は **0.5〔m〕以上**の間隔を保つこと。

③ 液状の危険物のタンク専用室の床は，危険物が浸透しない構造とするとともに適当な傾斜をつけ，かつ，貯留設備を設ける。

④ タンクの容量は**指定数量の 40 倍以下**であること。ただし，特殊引火物，第 1 石油類，アルコール類，第 2 石油類，第 3 石油類は **20,000〔ℓ〕**以下。

⑤ タンクの厚さは 5〔mm〕以上の鉄板で造る。

3. 設備の基準

① タンク専用室の換気，排気にはダンパー等を設ける。
② 圧力タンクには安全装置，非圧力タンクには**通気管**を設ける。
③ 液体危険物の貯蔵タンクには危険物の量を自動的に表示する設備を設ける。
④ 電気設備は防爆構造とする。

4. 無弁通気管の基準

① 通気管の直径は 30〔mm〕以上とする。
② 水平より下に 45°以上曲げ，先端には引火防火網を設ける。
③ 通気管の先端は地上 **4〔m〕以上**の高さとする。
④ 通気管の先端は屋外に出るようにする。
⑤ 通気管の先端は建築物の窓や出入口から 1〔m〕以上離す。
⑥ 引火点が 40〔℃〕未満のタンクの通気管は敷地境界線から 1.5〔m〕以上離す。

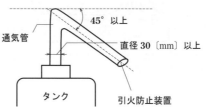

タンク専用室は耐火構造とし，はり及び屋根を不燃材料で造り，窓，出入口は防火設備を設けること。

屋内貯蔵タンクの容量
2 つ以上のタンクがあるときは，タンク容量を合算した量である。

・計量口は，計量する以外は閉鎖しておく。

・元弁及び注入口の弁，又はふたは危険物を入れ，又は出すとき以外は，閉鎖しておく。

通気管の必要な施設
・屋外タンク貯蔵所
・屋内タンク貯蔵所
・地下タンク貯蔵所
・簡易タンク貯蔵所

4. 地下タンク貯蔵所

1. 位置の基準

保安距離，保有空地は必要ない。

2. 構造の基準

① タンクは地盤面下のタンク室に設置すること。

② タンク室の壁，底の厚さは 0.3 [m] 以上のコンクリート造りとし，タンク室の内側とは 0.1 [m] 以上の間隔を保ち，周囲には**乾燥砂**をつめること。

③ タンクの頂部は 0.6 [m] 以上地盤面から下にあること。

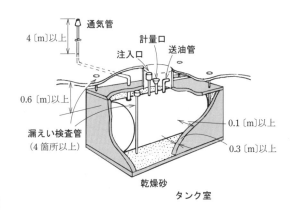

3. 設備の基準

① 圧力タンクには安全装置，非圧力タンクには**通気管**を設けること。

② タンクの**注入口**は**屋外**に設ける。

③ タンクの周囲には**漏えい検査管**を**4箇所**以上設けること。

5. 簡易タンク貯蔵所

1. 位置の基準

① 保安距離は必要なし。

② 保有空地

危険物の区分	保有空地
屋　外	1 [m] 以上
タンク専用室	壁から 0.5 [m] 以上

2. 構造の基準

① タンクの容量は 600 [ℓ] 以下。

② 1つの簡易タンク貯蔵所にはタンクは**3基**まで設置できる（同一品質の危険物は2基以上設置できない）。

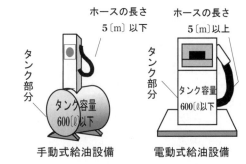

・タンクは厚さ 3.2 mm 以上の鋼板でつくり，外部にはさび止めの塗装をする。

・タンクの容量は定められていない。

消火設備
第5種の消火設備を2個以上

・計量口は，計量する以外は閉鎖しておく。

・元弁及び注入口の弁，又はふたは危険物を入れ，又は出すとき以外は，閉鎖しておく。

・タンクは移動しないように固定する。

・タンクには通気管を設ける。

・計量口は，計量する以外は閉鎖しておく。

6. 屋外貯蔵所

1. 位置の基準

① **保安距離**：製造所の位置の基準を参照。
   保有空地：数量の倍数によって，設ける保有空地の広さは異なる。
② 湿潤ではなく，排水の良い場所に設置すること。
③ 周囲には**さく等を設けて**明確に区分すること。

架台を設ける場合
・不燃材料で造る。
・架台の高さは6m未満
・容器が容易に落下しないようにする。

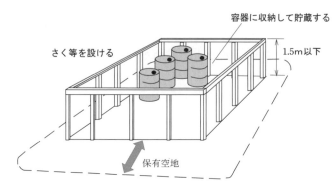

2. 貯蔵・取扱いできる危険物

第2類危険物	硫黄・引火性固体（引火点が 0 〔℃〕以上のもの）
第4類危険物	・第1石油類（引火点が 0 〔℃〕以上のもの。ガソリン，ベンゼンは貯蔵できない。） ・アルコール類 ・第2石油類（灯油，軽油，氷酢酸，テレビン油など） ・第3石油類（重油，クレオソート油など） ・第4石油類（ギヤー油，シリンダー油など） ・動植物油類（ナタネ油，アマニ油，大豆油など）

7. 一般取扱所

給油取扱所，販売取扱所，移送取扱所以外で危険物を取り扱う施設であり，位置・構造・設備の基準は製造所と同じである。また，取扱形態，数量等により一般取扱所については基準の特例が設けられている。

① 保安距離と保有空地が必要である。
② 指定数量の10倍以上には避雷設備を設けること。

例
ボイラー，バーナーなどで第4類危険物のみを消費する施設。

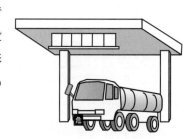

充てんの一般取扱所

8. 販売取扱所

店舗で危険物を容器入りのまま販売するための施設であり，取り扱う危険物の量により2つに区分される。

容器の口を開けて小分けをすることはできない。

第1種販売取扱所	指定数量の **15倍以下**
第2種販売取扱所	指定数量の **15倍を超えて40倍以下**

・位置の基準

① 保安距離，保有空地は必要ない。

② 店舗は建築物の **1階** に設置する。

③ 危険物を配合する部屋の床面積は **6**〔㎡〕以上 **10**〔㎡〕以下で，出入口は特定防火設備をもうける。

9. 移動タンク貯蔵所

1. 車両の常置場所

屋外	防火上安全な場所
屋内	耐火構造または不燃材料で造った建築物の1階

保安距離,保有空地の規制はない。

2. 構造の基準

① タンクの容量は **30,000**〔ℓ〕以下とし，**4,000**〔ℓ〕以下ごとに間仕切り板を設け，容量が **2,000**〔ℓ〕以上のタンク室には**防波板**を設ける。

② タンクは厚さ **3.2**〔mm〕以上の鋼板で造り，タンクの外側は錆止め塗装する。

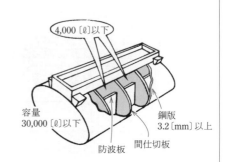

3. 設備の基準

① 移動貯蔵タンクの下部の排出口には底弁を設け，非常時の場合に直ちに底弁を閉鎖できる**手動閉鎖装置**及び自動閉鎖装置を設けること。

② ガソリン，ベンゼンその他静電気が発生するおそれのある液体の危険物のタンクには**接地導線を設けること**。

③ タンクには危険物を貯蔵し，または取り扱うタンクの注入口と結合できる結合金具を備えた注入ホースを設けること。

④ タンクの見やすい箇所に**危険物の類，品名，最大数量**を表示すること。

⑤ タンクの前後の見やすい箇所に「**危**」の標識を設けること。

⑥ 移動タンク貯蔵所には**完成検査済証，定期点検記録，譲渡引渡の届出書，品名・数量**または**指定数量の倍数変更の届出書**を備えつけておくこと。

手動閉鎖装置
・手前に引き倒すことにより作動すること
・レバーの長さは15cm以上

自動車用消火器
（粉末消火器）又は，その他の消火器**2個**以上設ける

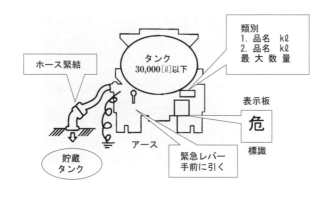

4. 取扱いの基準

・タンク底弁は使用時以外は完全に閉鎖しておく

① 注入ホースを注入口に緊結する。ただし，所定の注入ノズルで指定数量未満のタンクに引火点 40〔℃〕以上の危険物を注入する場合はこの限りではない。

② 引火点 **40**〔℃〕未満の危険物を注入する場合は，移動タンク貯蔵所のエンジンを停止してから行う。

③ 移動貯蔵タンクから液体危険物を容器に詰め替えない。ただし，注入ホースの先端部に手動開閉装置を備えた注入ノズルで，引火点 40〔℃〕以上の第 4 類危険物を詰め替える場合はこの限りではない。

運搬容器への詰替え

④ 静電気による災害発生の恐れがある危険物を移動貯蔵タンクに注入する場合は，注入管の先端を底部につけ，接地して出し入れを行う。

⑤ ガソリンを貯蔵していた移動貯蔵タンクに灯油または軽油を注入するとき，灯油または軽油を貯蔵していた移動貯蔵タンクにガソリンを注入するときは静電気等を除く措置を講ずる。

5. 移送の基準

移送
・危険物取扱者の乗車
・危険物取扱者免状の携帯

移動タンク貯蔵所（タンクローリー等）で危険物を運ぶことをいう。

① 移送する危険物を取り扱うことができる危険物取扱者が乗車し，危険物取扱者免状を携帯する。

② 移送開始前にタンクの底弁，マンホール・注入口のふた，消火器等の点検を十分に行う。

③ 長距離移送の場合には，原則として 2 人以上の運転要員を確保する。

④ 休憩等のため移動タンク貯蔵所を一時停止させるときは安全な場所を選ぶ。

⑤ 移動タンク貯蔵所から漏油など災害発生の恐れがある場合は，災害防止のために応急措置を講じ，最寄りの消防機関等に通報する。

⑥ アルキルアルミニウム等を移送する場合は，移送の経路等を記載した書面を関係消防機関に送付し，また書面の写しを携提し，記載された内容に従うこと。

10. 給油取扱所

給油取扱所に設けられる建築物
（床面積300m²以下）
・給油, 注油の作業場
・事務所
・給油などのために出入りする者を対象とした店舗, 飲食店, 展示場
・点検, 整備の作業場
・洗車場
・所有者等の住居, 事務所

1. 位置の基準

① 自動車が出入りするため, 間口 **10**〔m〕以上, 奥行 **6**〔m〕以上の**給油空地**を設けること。

② 固定注油設備を設ける場合は, ホース機器の周囲に詰め替え等のため必要な**注油空地**を給油空地以外の場所に保有すること。

2. 構造・設備の基準

① 給油空地, 注油空地は周囲の地盤面より高くし, 表面は適当な傾斜をつけ, コンクリート等で舗装すること。

② 漏れた危険物などが空地以外の部分に流出しないように**排水溝**及び**油分離装置**を設けること。

③ 給油取扱所の周囲には, 自動車等の出入りする側を除き, 高さ **2**〔m〕以上の耐火構造または不燃材料で造った壁やへいを設けること。

④ 固定給油設備, 固定注油設備に接続する**専用タンク** 又は **10,000**〔ℓ〕以下の**廃油タンク等**を地盤面下に埋設して設けることができる。

⑤ 給油ホース, 注油ホースの長さは **5**〔m〕以下で先端に弁を設け, また静電気を除く装置を設けること。

給油取扱所の付随設備
・自動車等の洗浄を行う設備
・自動車等の点検, 整備を行う設備
・混合燃料油調合器

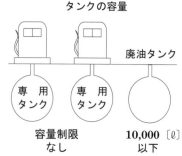

タンクの容量
専用タンク：容量制限なし
廃油タンク：10,000〔ℓ〕以下

設置できない建築物
・ガソリンの詰め替えのための作業場
・自動車の吹付塗装を行うための設備
・ゲームセンター
・立体駐車場
・診療所

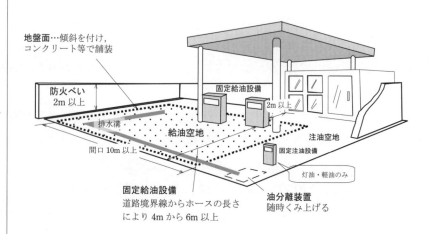

地盤面…傾斜を付け, コンクリート等で舗装
防火べい 2m以上
排水溝
固定給油設備
給油空地
注油空地
2m以上
固定注油設備
灯油・軽油のみ
間口 10m以上
固定給油設備 道路境界線からホースの長さにより4mから6m以上
油分離装置 随時くみ上げる

2. 取扱いの基準

① **固定給油設備を使用して直接給油**する。
② 給油するときは自動車のエンジンを停止し，また**自動車等の給油空地からはみ出さない**ようにする。

③ 移動貯蔵タンクから専用タンク等に危険物を注入する場合は，注入口付近に停車させる。
④ 給油取扱所の専用タンク又は簡易タンクに危険物を注入するときは，タンクに接続する固定給油設備又は固定注油設備の使用を中止する。
⑤ 自動車の**洗浄**は，**引火性液体の洗剤を使用しない**。
⑥ 物品の販売等は，原則として建築物の1階で行う。
⑦ 給油業務が行われていないときは，係員以外の者を出入りさせないための必要な措置を講じる。

3. セルフ型スタンドの基準

・構造・設備の付加される特例基準

① **顧客に自ら給油等をさせる給油取扱所である旨を表示**する。
② 燃料が満量になった場合に，供給を停止する構造の給油ノズルを備える。
③ 著しい引張力が加わった場合に安全に分離する構造の給油ホースを備える。
④ **ガソリン及び軽油相互の誤給油を防止できる構造**にする。
⑤ **給油量及び給油時間の上限を設定できる構造**にする。
⑥ 地震時に危険物の供給を停止できる構造にする。
⑦ **顧客用の固定給油設備である旨，使用方法，危険物の品目等の表示**をする。
⑧ 固定給油設備等へ顧客の運転する自動車等が衝突防止の対策を講じる。
⑨ 顧客自ら行う給油作業等の監視，制御等を行うコントロールブースを設ける。
⑩ **第3種の固定式泡消火設備**を設置する。

・取扱い基準に付加される特例基準

① **顧客は顧客用固定給油設備以外の固定給油設備では給油等はできない**。
② 顧客の給油作業等を直視等で監視する。
③ 顧客が給油作業等を行う場合は，安全確認をしてから実施させる。
④ 顧客が給油作業等を終了した場合は，顧客の給油作業等が行えない状態にする。
⑤ 非常時では固定給油設備等において，取扱いができない状態にする。
⑥ 放送機器等を用いて顧客に指示等をする。

3. 運搬の基準

- 無資格者でも運搬できる。
- 危険物取扱者の同乗は必要ない。

危険物の運搬とは，車両等（移動タンク貯蔵所を除く）によって危険物を運ぶことをいい，指定数量未満についても運搬に関する規定が適用される。

運搬については数量に関係なく技術上の基準が定められている。

1. 運搬容器

① 運搬容器の**材質は，鋼板，アルミニウム板，ブリキ板，ガラス**等とする。
② 運搬容器の構造は，堅固で容易に破損することなく，かつ，危険物が漏れることがないようにする。
③ 運搬容器の構造，最大容積は危険物の種類に応じて規則で定められている。

運搬容器の表示例

2. 積載方法

① 運搬容器に収納して積載する。
- 温度変化等により危険物が漏れないように密封する。
- 固体危険物は収納率を内容積の 95 〔％〕以下にする。
- 液体危険物は収納率を内容積の 98 〔％〕以下にし，かつ 55 〔℃〕の温度で漏れないように十分な空間容積をとる。

98 〔％〕以下

95 〔％〕以下

容器の収納率

② 運搬容器の外部には，次の表示をする。
- **危険物の品名，危険等級，化学名**，第 4 類危険物のうち水溶性のものは「水溶性」
- **危険物の数量**
- 危険物に応じた注事項　第 4 類危険物はすべて「**火気厳禁**」

③ 運搬容器が転落，落下，転倒，破損しないように積載する。

④ 運搬容器は**収納口を上方に向けて積載**し，運搬容器を積み重ねる場合は，高さ **3**〔m〕以下とする。

⑤ 第 4 類 の特殊引火物は日光の直射を避けるため，遮光性のものでおおうこと。

⑥ **同一車両**で**異なった類の危険物**を運搬する場合は，**混載禁止**のものがある。

	第 1 類	第 2 類	第 3 類	第 4 類	第 5 類	第 6 類
第 1 類		×	×	×	×	○
第 2 類	×		×	○	○	×
第 3 類	×	×		○	×	×
第 4 類	×	○	○		○	×
第 5 類	×	○	×	○		×
第 6 類	○	×	×	×	×	

注：○は混載可能　×は混載禁止。
指定数量の 1/10 以下の危険物には適用しない。

3．運搬方法

① 運搬容器が著しく摩擦又は動揺を起こさせないように運搬する。

② **指定数量以上の危険物を運搬するとき**
- 車両の前後の見やすい箇所に「**危**」の標識を掲げる。
- 積み替え，休息，故障等のために車両を一時停止させるときは，安全な場所を選び，かつ，運搬する危険物の保安に注意する。
- 運搬する**危険物に適応した消火設備**を備える。
- 運搬中，危険物が著しく漏れる等の災害が発生する恐れがある場合は，災害防止のために応急措置を講じ，最寄りの消防機関等に通報する。

危険等級
危険性の程度に応じて，危険等級Ⅰ～Ⅲに区分される。
- 危険等級Ⅰ
  …特殊引火物
- 危険等級Ⅱ
  …第 1 石油類
  　アルコール類
- 危険等級Ⅲ
  …第 2 石油類
  　第 3 石油類
  　第 4 石油類
  　動植物油類

4. 貯蔵・取扱いの基準

1. 共通の基準

① 許可，届出をした品名や数量以外の危険物を貯蔵し，取り扱わない。また，**指定数量の倍数を超える危険物を貯蔵し，取り扱わない。**
② **みだりに火気を使用しない。**
③ **係員以外の者をみだりに出入りさせない。**
④ 常に整理，清掃を行い，みだりに**空箱等その他不必要な物を置かない。**
⑤ 危険物のくず，かす等は1日1回以上，危険物の性質に応じて**安全な場所で廃棄**その他適切な処置をしなければならない。
⑥ ためます，又は油分離装置にたまった危険物は，あふれないように**随時くみ上げる。**
⑦ 危険物が**もれ，あふれ，又は飛散**しないように必要な措置を講じる。
⑧ 危険物を貯蔵，取り扱う施設では危険物の性質に応じて**遮光，換気**を行う。
⑨ 危険物を保護液中に保存する場合は，**保護液から露出しない**ようにする。
⑩ 危険物の変質，**異物混入等により危険物の危険性が増大しない**ように必要な措置を講じる。
⑪ 危険物の温度，圧力等を監視し，危険物の性質に応じた**適切な温度，圧力を保つ。**
⑫ 危険物を収納した容器をみだりに**転倒，落下，衝撃，引き摺る**等の粗暴な行為をしない。
⑬ 危険物を**収納する容器**は危険物の性質に適応し，かつ**腐食，破損，裂け目**等がない。
⑭ **危険物の残存している設備，機械器具等を修理**する場合は，安全な場所において**危険物を完全に除去した後に行う。**

2. 貯蔵の基準

① 貯蔵所において，危険物以外の物品は原則として**貯蔵しない。**
② 類が異なる危険物は原則として同一貯蔵所に**貯蔵しない。**

3. 廃棄の基準

① 焼却する場合は安全な場所で他に危害を及ぼさない方法で行い，必ず見張人をおく。
② 危険物は海中や水中に流出又は投下しない。
③ 埋没する場合は危険物の性質に応じ，安全な場所で行う。

5. 標識・掲示板

1. 標識

1. 製造所等の標識

製造所等（移動タンク貯蔵所を除く）には，見えやすい箇所に製造所等であることを表示した**標識**を設けなければならない。

参 考　標識・掲示板は縦書きでも横書きでもよい。

（危険物給油取扱所　0.3〔m〕以上　0.6〔m〕以上　地は白色　文字は黒色）

2. 移動タンク貯蔵所・危険物運搬車両の標識

車両の前後の見えやすい箇所に掲げる。
地は黒色，文字は黄色の反射塗料を使用する。

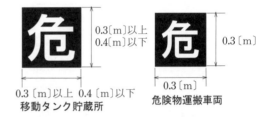

移動タンク貯蔵所（0.3〔m〕以上0.4〔m〕以下）／危険物運搬車両（0.3〔m〕）

2. 掲示板

1. 危険物施設の掲示板

掲示板には危険物の類，品名，貯蔵または取扱最大数量，指定数量の倍数，危険物保安監督者の氏名または職名を記載しなければならない。

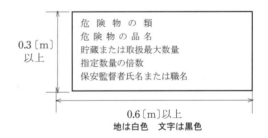

（危険物の類／危険物の品名／貯蔵または取扱最大数量／指定数量の倍数／保安監督者氏名または職名　0.3〔m〕以上　0.6〔m〕以上　地は白色　文字は黒色）

2. 注意事項の掲示板

危険物の性状により，掲示板は3種類ある。

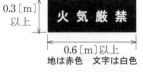 第2類（引火性固体）
第3類（自然発火性物品ほか）
第4類，第5類
（地は赤色　文字は白色）

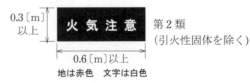 火気注意　第2類（引火性固体を除く）
（地は赤色　文字は白色）

禁水　第2類（アルカリ金属の過酸化物ほか）
第3類（禁水性物品ほか）
（地は青色　文字は白色）

3. 給油取扱所の掲示板

給油取扱所のみ「**給油中エンジン停止**」の掲示板を設けること。

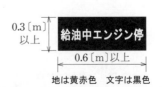

（給油中エンジン停止　0.3〔m〕以上　0.6〔m〕以上　地は黄赤色　文字は黒色）

6. 消火設備・警報設備の基準

1. 消火設備の基準

消火設備は，製造所等の区分，規模，品名，数量などに応じて適応する消火設備の設置が義務づけられている。

1. 消火設備の区分

消火設備は第1種から第5種までに区分され，第1種，第2種，第3種は固定消火設備，第4種は大型消火器，第5種は小型消火器や乾燥砂等である。

第1種	屋内消火栓設備，屋外消火栓設備	
第2種	スプリンクラー設備	
第3種	水蒸気・水噴霧消火設備	
	泡消火設備	
	不活性ガス消火設備	
	ハロゲン化物消火設備	
	粉末消火設備	
第4種 又は 第5種	棒状・霧状の水を放射する消火器	（第4種：大型　第5種：小型）
	棒状・霧状の強化液を放射する消火器	（第4種：大型　第5種：小型）
	泡を放射する消火器	（第4種：大型　第5種：小型）
	二酸化炭素を放射する消火器	（第4種：大型　第5種：小型）
	ハロゲン化物を放射する消火器	（第4種：大型　第5種：小型）
	消火粉末を放射する消火器	（第4種：大型　第5種：小型）
第5種	水バケツ又は水槽	
	乾燥砂	
	膨張ひる石又は膨張真珠岩	

※ 第4種の消火設備は，防護対象物までの歩行距離が30m以下となるように設ける。
　第5種の消火設備は，防護対象物までの歩行距離が20m以下となるように設ける。

第1種
消火栓設備

第2種
スプリンクラー設備

第3種
固定消火設備

第4種
大型消火器

第5種
小型消火器

2. 消火設備の設置基準

製造所等の規模，形態，危険物の種類，倍数等からその施設の消火の困難性に応じて3つに区分されている。

区　　分	消　火　設　備
① 著しく消火が困難と認められる製造所等	第1種，第2種，第3種のうちいずれか1つ ＋ 第4種 ＋ 第5種
② 消火が困難と認められる製造所等	第4種 ＋ 第5種
③ ①，②以外の製造所等（移動タンク貯蔵所を除く）	第5種

3. 所要単位

所要単位とは，製造所等に対してどのくらいの消火能力を有する消火設備が必要であるかを定める単位である。

製造所等の構造と危険物		1所要単位あたりの数値
製造所取扱所	耐火構造	延面積　100〔m²〕
	不燃材料	延面積　50〔m²〕
貯蔵所	耐火構造	延面積　150〔m²〕
	不燃材料	延面積　75〔m²〕
屋外の製造所等		外壁を耐火構造とし水平最大面積を建坪として算出する。
危　険　物		指定数量の10倍

危険物の所要単位
指定数量の10倍が1所要単位である。

2. 警報設備の基準

火災や危険物の流出等の事故が発生したとき，従業員等に早く知らせるために設ける設備である。

① 指定数量の **10倍以上**の危険物を貯蔵・取扱う製造所等（**移動タンク貯蔵所を除く**）には**警報設備**を設けなければならない。

② 警報装置の種類

① 自動火災報知設備

② 電　話

③ 非常ベル

④ 拡声装置

⑤ 警　鐘

警報設備
・指定数量の10倍以上に設置
・サイレン，ガス漏れ警報設備などは該当しない。

7. 行政違反等に対する措置

1. 違反に対する措置

1. 義務違反と措置命令

製造所等の所有者等は，次の事項に該当する場合は市町村長等から措置命令を受けることがある。

措置命令	該当事項
危険物の貯蔵・取扱基準遵守命令	危険物の貯蔵・取扱が技術上の基準に違反している場合
危険物施設の基準維持命令（修理，改造又は移転の命令）	製造所等の位置，構造，設備が技術上の基準に違反している場合
製造所等の緊急使用停止命令（一時使用停止又は使用制限）	公共の安全維持又は災害発生防止のために緊急の必要があると認めた場合
危険物保安統括管理者・危険物保安監督者の解任命令	消防法もしくは消防法に基づく命令規定に違反した場合，又は業務を行わせることが公共の安全維持や災害発生防止に支障を及ぼすと認めた場合
予防規程変更命令	火災予防のために必要がある場合
危険物施設の応急措置命令	危険物の流出その他の事故が発生した場合
移動タンク貯蔵所の応急措置命令	管轄する区域にある移動タンク貯蔵所について，危険物の流出その他の事故が発生した場合
無許可施設に対する措置命令	許可を受けずに指定数量以上の危険物を貯蔵・取扱いしている場合

2. 許可の取り消し又は使用停止命令

製造所等の所有者等は，次の事項に該当する場合は市町村長等から設置許可の取り消し，または期間を定めて施設の使用停止命令を受けることがある。

① 位置，構造，設備を無許可で変更したとき。
② 完成検査済み証の交付前に使用したとき，または仮使用の承認を受けないで使用したとき。
③ 位置，構造，設備に係る措置（修理，改造，移転）命令に違反したとき。
④ 政令で定める屋外タンク貯蔵所，移送取扱所の保安検査を受けないとき。
⑤ 定期点検の実施，記録の作成，保存がなされないとき。

3. 使用停止命令

製造所等の所有者等は，次の事項に該当する場合は市町村長等から期間を定めて，施設の**使用停止命令**を受けることがある。

① **危険物の貯蔵，取扱い基準の遵守命令に違反**したとき。

② **危険物保安統括管理者を定めないとき，又はその者に危険物の保安業務を統括管理させていないとき。**

③ **危険物保安監督者を定めていないとき，又はその者に危険物の取扱作業の保安監督をさせていないとき。**

④ **危険物保安統括管理者，又は危険物保安監督者の解任命令に違反**したとき。

4. 立入検査

市町村長等は，火災防止のために必要があると認めるときは，指定数量以上の危険物を貯蔵・取扱いしているすべての場所の所有者等に対し，資料の提出，報告を求めたり，消防職員にその場所に立入らせ検査，質問，危険物の収去させることができる。

5. 走行中の移動タンク貯蔵所の停止

消防吏員又は警察官は，火災防止のために特に必要があると認める場合には，走行中の移動タンク貯蔵所を停止させ，乗車している危険物取扱者に対し，**危険物取扱者免状**の提示を求めることができる。

2. 事故時の措置

1. 事故発生時の応急措置

危険物の流出その他の事故が発生したときは，直ちに応急の措置を講じなければならない。

① 危険物の流出及び拡散の防止

② 流出した危険物の除去

③ その他，災害発生の防止のための応急措置

2. 事故発見者の通報義務

事故を発見した者は，直ちに消防署などに通報しなければならない。

練習問題

製造所等の区分

【1】 製造所等に関する記述として，次のうち誤っているものはどれか。

(1)	移動タンク貯蔵所	車両に固定されたタンクにおいて危険物を貯蔵し，又は取り扱う貯蔵所。
(2)	簡易タンク貯蔵所	簡易タンクにおいて危険物を貯蔵し，又は取り扱う貯蔵所。
(3)	第1種販売取扱所	店舗において容器入りのままで販売するため，指定数量15倍以下の危険物を取り扱う取扱所。
(4)	移送取扱所	固定した給油設備によって自動車等の燃料タンクに直接給油するための危険物を取り扱う取扱所。
(5)	屋内タンク貯蔵所	屋内にあるタンクにおいて危険物を貯蔵し，又は取り扱う貯蔵所。

【2】 製造所等の区分においてガソリンを貯蔵し，または取扱うことができないものは次のうちどれか。
- (1) 屋外タンク貯蔵所
- (2) 屋外貯蔵所
- (3) 屋内タンク貯蔵所
- (4) 地下タンク貯蔵所
- (5) 屋内貯蔵所

位置の基準

【3】 製造所等には特定の建築物等との間に原則として一定の距離を保たなければならないものがあるが，その建築物等と保たなければならない距離との組合せとして，次のうち正しいものはどれか。
- (1) 病院 ……………… 50〔m〕以上
- (2) 高等学校 ………… 30〔m〕以上
- (3) 小学校 …………… 20〔m〕以上
- (4) 劇場 ……………… 15〔m〕以上
- (5) 使用電圧が7,000〔V〕を超え35,000〔V〕以下の特別高圧架空電線 ……… 10〔m〕以上

【4】 法令上，次の製造所等のうち，学校，病院等の建物等から一定の距離を保たなければならない旨の規定が設けられているものの数として，次のうち正しいものはどれか。

　　　　製造所　　　　　　屋外タンク貯蔵所　　　　屋内タンク貯蔵所　　　　地下タンク貯蔵所
　　　　移動タンク貯蔵所　給油取扱所　　　　　　　第1種販売取扱所

- (1) 2つ
- (2) 3つ
- (3) 4つ
- (4) 5つ
- (5) 6つ

第3章　練習問題

保有空地

【5】　製造所等の周囲に保有しなければならない空地（以下「保有空地」という）について次のうち誤っているものはどれか。
(1)　貯蔵し又は取扱う危険物の指定数量の倍数に応じて保有空地の幅が定められている。
(2)　保有空地には物品等を置いてはならない。
(3)　病院等から一定の距離（保安距離）を保たなければならない施設は保有空地を必要としない。
(4)　保有空地とは消火活動及び延焼防止のために製造所等の周囲に確保しなければならない空地である。
(5)　保有空地を必要としない施設もある。

製造所等の位置，構造，及び設備の基準

【6】　製造所等の設備の基準について，次のうち誤っているものはどれか。
(1)　危険物を取扱う建築物には，危険物を取扱うために必要な採光，照明及び換気の設備を設けること。
(2)　危険物を取扱うにあたって，静電気が発生するおそれのある設備には，蓄積される静電気を有効に除去する装置を設けること。
(3)　可燃性の蒸気が滞留するおそれのある建築物には，その蒸気を屋外の低所に排出する設備を設けること。
(4)　電気設備は防爆構造とする。
(5)　指定数量の10倍以上の場合は避雷設備を設ける。

【7】　屋内タンク貯蔵所の位置，構造及び設備の技術上の基準として，次のうち誤っているものはどれか。
(1)　液体の危険物の屋内貯蔵タンクには，危険物の量を自動的に感知できる装置を設けなければならない。
(2)　同一のタンク専用室に屋内貯蔵タンクを2以上設置する場合におけるタンクの容量は，それぞれの指定数量の40倍以下としなければならない。
(3)　屋内貯蔵タンクはタンク専用室に設置しなければならない。
(4)　液状の危険物のタンク専用室の床は，危険物が浸透しない構造とするとともに適当な傾斜をつけ，かつ，貯留設備を設けなければならない。
(5)　同一のタンク専用室に屋内貯蔵タンクを2以上設置する場合には，それらのタンク相互間に0.5〔m〕以上の間隔を保たなければならない。

【8】　屋外タンク貯蔵所の位置，構造及び設備の技術上の基準について，正しいものはどれか。
(1)　保有空地は指定数量の倍数に関係なく一定である。
(2)　敷地内距離は貯蔵する危険物の引火点に関わりなく一定である。
(3)　幼稚園までの保安距離は貯蔵する危険物の種類に関わりなく一定である。
(4)　圧力タンクには通気管，圧力タンク以外のタンクには安全装置を設ける。
(5)　タンクは厚さは5〔mm〕以上の鋼板で造る。

【9】 4基の屋外タンク貯蔵所を同一の防油堤内に設置する場合，この防油堤の必要最小限の容量として，正しいものはどれか。

1号タンク	軽油	400〔kℓ〕
2号タンク	重油	600〔kℓ〕
3号タンク	ガソリン	200〔kℓ〕
4号タンク	灯油	300〔kℓ〕

(1) 200〔kℓ〕　(2) 220〔kℓ〕　(3) 600〔kℓ〕　(4) 660〔kℓ〕　(5) 1,500〔kℓ〕

【10】 屋外貯蔵所において貯蔵できない危険物はいくつあるか。

A 硫黄　B エタノール　C ジエチルエーテル　D ガソリン　E トルエン

(1) 1つ　(2) 2つ　(3) 3つ　(4) 4つ　(5) 5つ

【11】 地下タンク貯蔵所の「漏えい検査管」はどこに設けられるか。
(1) 通気管の周囲　(2) 送油管の周囲　(3) タンクの周囲
(4) 注入口の周囲　(5) 液面計又は計量口の周囲

【12】 簡易タンク貯蔵所の位置，構造及び設備の技術上の基準について誤っているものはどれか。
(1) 簡易貯蔵タンクの容量は600〔ℓ〕以下とする。
(2) 簡易貯蔵タンクは3基まで設置できるが，同一品質の危険物は2基以上設置できない。
(3) 通気管を設ける。
(4) 保安距離は必要ない。
(5) 保有空地は屋内に設ける場合は1〔m〕以上確保する。

【13】 製造所等に設けるタンクの容量制限として，次のうち誤っているものはどれか。
(1) 簡易タンク貯蔵所のタンク容量･･･････ 600〔ℓ〕以下
(2) 屋外タンク貯蔵所のタンク容量･･･････ 定められていない
(3) 地下タンク貯蔵所のタンク容量･･･････ 20,000〔ℓ〕以下
(4) 製造所の地下貯蔵タンクの容量･･･････ 定められていない
(5) 給油取扱所の地下専用タンクの容量･･･ 定められていない

【14】 第1種販売取扱所の位置，構造及び設備の技術上基準において誤っているものはどれか。
(1) 第1種販売取扱所は建築物の1階・2階に設置することができる。
(2) 危険物を配合する部屋の床面積は6〔m^2〕以上10〔m^2〕以下とする。
(3) 保安距離，保有空地の規制はない。
(4) 第1種販売取扱所は指定数量の15倍以下の危険物を取扱うことができる。
(5) 危険物は容器に収納し，容器入りのままで販売する。

第3章　練習問題

給油取扱所

【15】　給油取扱所の位置，構造及び設備の技術上の基準について正しいものはどれか。
(1)　地盤面下に埋設する専用タンクの容量は30,000〔ℓ〕以下である。
(2)　給油取扱所を設置する場合は病院や小学校から30〔m〕以上離れていなければならない。
(3)　自動車が出入りするため，間口10〔m〕以上，奥行6〔m〕以上の保有空地を設ける。
(4)　灯油，軽油を容器に詰め替える場合は，ホース機器の周囲に詰め替え等のために必要な注油空地を給油空地以外の場所に保有する。
(5)　自動車の出入りする側を除き，高さ3〔m〕以上の耐火構造または不燃材料で造った壁やへいを設ける。

【16】　セルフ型スタンドの給油取扱所の位置，構造，設備及び取扱いの技術上基準において誤っているものはどれか。
(1)　保安距離，保有空地は必要ない。
(2)　ガソリン及び軽油相互の誤給油を防止できる構造にする。
(3)　第5種消火設備を2個以上設置する。
(4)　給油量及び給油時間の上限を設定できる構造にする。
(5)　顧客に自ら給油等をさせる給油取扱所である旨を表示する。

【17】　顧客に自ら給油等をさせる給油取扱所の取扱いの基準について，次のうち誤っているものはどれか。
(1)　顧客用固定給油設備を使用して，顧客に自ら自動車等に給油させることができる。
(2)　顧客用固定注油設備を使用して，ガソリンを運搬容器に詰替えさせることはできない。
(3)　顧客用固定注油設備を使用して，移動貯蔵タンクに軽油を注入させることはできない。
(4)　顧客用固定給油設備以外の固定給油設備を使用して，顧客に自ら自動車等に給油させることはできない。
(5)　顧客用固定給油設備を用いた顧客の給油作業に対し，監視及び必要な指示を行う必要はない。

【18】　次のA～Eのうち，給油取扱所における危険物の取扱いの技術上の基準に適合しているものはどれか。
　A　原動機付自転車に鋼製ドラムから手動ポンプでガソリンを給油した。
　B　車の洗浄に不燃性液体の洗剤を使用した。
　C　油分離装置に廃油がたまったので下水に洗い流した。
　D　移動タンク貯蔵所から地下専用タンクに注入中，当該タンクに接続している固定給油設備を使用して自動車に給油することになったので，給油ノズルの吐出量をおさえて給油した。
　E　給油に来た自動車がエンジンをかけたまま，スペアキーでの給油を求めたが，エンジンを停止させてから給油を行った。

(1)　B・E　　　(2)　A・C・E　　　(3)　B・D・E
(4)　A・B・C　　(5)　D・E

【19】 法令上，給油取扱所において自動車等に給油するときの危険物の取扱い基準について，誤っているものはどれか。
(1) 固定給油設備を用いて，直接給油しなければならない。
(2) 自動車等のエンジンはかけたままとし，非常時に直ちに発進できるようにさせておかなければならない。
(3) 自動車の一部又は全部が，給油空地からはみ出たまま給油してはならない。
(4) 給油の業務が行われていないときは，係員以外の者を出入りさせない。
(5) 移動貯蔵タンクから専用タンクに危険物を注入しているときは，当該専用タンクと接続する固定給油設備を使用して給油してはならない。

移動タンク貯蔵所

【20】 移動タンク貯蔵所の位置，構造及び設備の技術上の基準について誤っているものはどれか。
(1) 移動貯蔵タンクの容量は 30,000〔ℓ〕以下とする。
(2) 保安距離，保有空地の規制はない。
(3) 車両の常置場所は屋内では耐火構造又は不燃材料で造った建築物の1階又は2階に設ける。
(4) 第5種消火設備を2個以上設置する。
(5) 静電気が発生する恐れがある液体危険物のタンクには設置等の静電気を除去する装置を設ける。

【21】 移動タンク貯蔵所における危険物の取扱いについて，誤っているものはどれか。
(1) 注入ホースの先端部に手動開閉装置を備えた注入ノズルで，引火点 40〔℃〕以上の第4類危険物を詰め替える場合は，移動貯蔵タンクから容器に詰め替えることができる。
(2) 静電気による災害発生の恐れがある危険物を移動貯蔵タンクに注入する場合は，注入管の先端を底部につけ，接地して出し入れを行う。
(3) 引火点 40〔℃〕未満の危険物を注入する場合は，移動タンク貯蔵所のエンジンを停止してから行う。
(4) 移動タンク貯蔵所の注入ホースは，災害が発生した場合にタンクの注入口からすぐに外せるように固定しない。
(5) ガソリンを貯蔵していた移動貯蔵タンクに灯油または軽油を注入するときは静電気等を除く。

【22】 移動タンク貯蔵所による危険物の貯蔵，取扱い及び移送について，誤っているものはどれか。
(1) 移送する危険物を取り扱うことができる危険物取扱者が乗車する。
(2) 消防吏員は，走行中の移動タンク貯蔵所を停止させ，乗車している危険物取扱者に対して，危険物取扱者免状の提示を求めることができる。
(3) 移動タンク貯蔵所には完成検査済証，定期点検記録，譲渡・引渡届出書，品名・数量又は指定数量の倍数の変更届出書を備え付ける。
(4) 危険物を移送する場合，危険物取扱者は免状を携帯する。
(5) 定期的に危険物を移送する場合は，移送経路その他必要な事項を，出発地を管轄する消防署へ届け出る。

第3章　練習問題

【23】　移動タンク貯蔵所によるガソリンの移送，貯蔵及び取扱いについてA～Eのうち，基準に適合しているものはいくつあるか。
　A　完成検査済証は，事務所で保管している。
　B　運転者は，丙種危険物取扱者で免状を携帯している。
　C　運転者は，危険物取扱者ではないが，同乗者が乙種第4類の免状を取得し携帯している。
　D　乗車している危険物取扱者の免状は，事務所で保管している。
　E　移動貯蔵タンクのガソリンを他のタンクに注入するときは，移動タンク貯蔵所の原動機を停止する。
　(1)　1つ　　(2)　2つ　　(3)　3つ　　(4)　4つ　　(5)　5つ

危険物の運搬の基準

【24】　危険物の運搬について，誤っているものはいくつあるか。
　A　指定数量の10倍以上の危険物を車両で運搬する場合は，所轄消防署長に届け出なければならない。
　B　指定数量以上の危険物を運搬する場合は，車両の前後の見やすい箇所に標識を掲げる。
　C　指定数量以上の危険物を運搬する場合は，危険物取扱者が乗車しなければならない。
　D　指定数量未満の危険物を運搬する場合でも運搬する危険物に応じた消火設備を備える。
　E　同一車両で異なった類の危険物を運搬する場合は，混載禁止のものがあるが，指定数量未満の危険物には適用しない。
　(1)　1つ
　(2)　2つ
　(3)　3つ
　(4)　4つ
　(5)　5つ

【25】　運搬容器への収納について，誤っているものはいくつあるか。
　A　運搬容器は温度変化等により危険物が漏れないように密封する
　B　液体危険物は収納率を内容積の95〔％〕以下にし，かつ55〔℃〕で漏れないように空間容積をとる。
　C　運搬容器を積重ねる高さの制限は高さ5〔m〕以下とする。
　D　収納する危険物と危険な反応を起こさないなど，当該危険物の性質に適応した材質の運搬容器に収納する。
　E　運搬容器は収納口を上方又は横方に向けて積載する。
　(1)　1つ　　(2)　2つ　　(3)　3つ　　(4)　4つ　　(5)　5つ

【26】　メタノール10〔ℓ〕をポリエチレン製の容器で運搬する場合に，容器への表示が必要とされているものはいくつあるか。
　A　アルコール類
　B　危険等級Ⅱ
　C　メタノール
　D　水溶性
　E　10〔ℓ〕
　(1)　1つ　　(2)　2つ　　(3)　3つ　　(4)　4つ　　(5)　5つ

119

【27】 危険物の運搬について，次のうち正しいものはどれか。
(1) 危険物を運搬する場合は，容器，積載方法及び運搬方法についての基準に従わなければならない。
(2) 車両で運搬する危険物が指定数量未満であっても，必ずその車両に消火設備を備え付けなければならない。
(3) 類を異にする危険物の混載は，すべて禁止されている。
(4) 指定数量以上の危険物を車両で運搬する場合は，危険物施設保安員が乗車しなければならない。
(5) 車両で運搬する危険物が指定数量未満であっても，必ずその車両に「危」の標識を掲げなければならない。

貯蔵・取扱いの技術上の基準

【28】 危険物の貯蔵の技術上の基準として，次のうち誤っているものはどれか。
(1) 貯蔵所においては，原則として危険物以外の物品を貯蔵しないこと。
(2) 屋内貯蔵所においては，容器に収納して貯蔵する危険物の温度が 60〔℃〕を超えないように必要な措置を講じること。
(3) 屋外貯蔵タンクの周囲に防油堤がある場合は，その水抜口を通常は閉鎖しておくとともに，当該防油堤の内部に滞油し，または滞水した場合は，遅滞なくこれを排出すること。
(4) 移動タンク貯蔵所には，「完成検査済証」，定期点検の「点検記録」及び変更した場合には，「危険物貯蔵所譲渡引渡届出書」，「危険物貯蔵所品名，数量又は指定数量の倍数変更届出書」を備え付けること。
(5) 移動貯蔵タンクには，当該タンクが貯蔵し，または取扱う危険物の類，品名及び最大数量を表示すること。

【29】 危険物の貯蔵・取扱いの基準について正しいものはどれか。
(1) 屋外貯蔵タンクの防油堤の水抜口は，雨水がたまらないように常時開放しておく。
(2) 移動貯蔵タンクの底弁は，使用時以外は完全に閉鎖しておく。
(3) 移動タンク貯蔵所の運行中は，完成検査証の写しを備えておく。
(4) 法別表に揚げる類を異にする危険物を同一の貯蔵所において貯蔵する場合は，指定数量の10倍以下ごとに区分して貯蔵しておく。
(5) 類を異にする危険物は，少量であれば，同一の貯蔵所に貯蔵することができる。

【30】 危険物の貯蔵・取扱いの基準について誤っているものはどれか。
(1) 製造所等では許可された危険物と同じ類，同じ数量であれば品名については，随時変更することができる。
(2) 貯蔵所において危険物以外の物品は原則として貯蔵しない。
(3) タンク類の元弁，注入口の弁，又はふたは常時閉鎖しておく。
(4) 危険物を収納した容器をみだりに転倒，落下，衝撃を加える，引き摺る等の粗暴な行為をしない。
(5) 危険物を貯蔵，取り扱う施設では危険物の性質に応じて遮光，換気を行う。

第3章　練習問題

【31】　危険物の貯蔵・取扱いの基準について正しいものはどれか。
(1)　危険物を保護液中に保存する場合は，危険物の一部を保護液から露出させておく。
(2)　製造所等では許可された危険物と同じ類，同じ数量であれば品名については，随時変更することができる。
(3)　危険物のクズ，カス等は1週間1回以上，危険物の性質に応じて安全な場所で廃棄その他適切な処置をしなければならない。
(4)　廃油等を廃棄する場合は，大気汚染の原因となるので燃焼させないこと。
(5)　危険物は原則として海中や水中に流出又は投下しない。

【32】　危険物の貯蔵・取扱いの基準について正しいものはいくつあるか。
A　安全確認のために係員以外の者が出入りできるようにする。
B　貯蔵所において一部を除き，危険物以外の物品は原則として貯蔵できる。
C　類が異なる危険物は一部を除き，原則として同一貯蔵所に貯蔵する。
D　屋外タンク貯蔵所の危険物の貯蔵は，原則として液体危険物のみ容器に収容して貯蔵する。
E　廃棄する場合，焼却は安全な場所で他に危害を及ぼさない方法で行い，必ず見張人をおく。
(1)　1つ　　　(2)　2つ　　　(3)　3つ　　　(4)　4つ　　　(5)　5つ

【33】　製造所等における危険物の貯蔵及び取扱いの技術上の基準について，次のうち正しいものはどれか。
(1)　製造所等では，許可された危険物と同じ類，同じ数量であれば，品名については随時変更することができる。
(2)　危険物の残存している設備，機械器具等を修理する場合は，安全な場所において危険物を完全に除去した後に行う。
(3)　廃油等を廃棄する場合は，焼却以外の方法で行うこと。
(4)　製造所等においては，いかなる場合であっても火気を取扱ってはならない。
(5)　貯留設備にたまった危険物は，希釈して濃度を下げてから下水等に排出しなければならない。

標識・掲示板

【34】　製造所等に設ける標識，掲示板について，次のうち誤っているものはどれか。
(1)　灯油を貯蔵する屋内タンク貯蔵所には，危険物の類，品名，貯蔵最大数量及び指定数量の倍数を表示した掲示板を設けること。
(2)　第4類の危険物を取扱う一般取扱所には，「取扱注意」と表示した掲示板を設けること。
(3)　第4類の危険物を貯蔵する屋内貯蔵所には，「火気厳禁」と表示した掲示板を設けること。
(4)　移動タンク貯蔵所には，「危」と表示した0.4〔m〕平方の標識を，車両の前後の見やすい箇所に設けること。
(5)　給油取扱所には，「給油中エンジン停止」と表示した掲示板を設けること。

【35】　製造所等においては，貯蔵し，または取扱う危険物に応じ，注意事項を表示した掲示板を設けなければならないが，危険物の類と注意事項の組合せとして，次のうち誤っているものはどれか。
(1)　第2類　火気注意　　(2)　第3類　禁水　　(3)　第4類　火気厳禁
(4)　第5類　火気厳禁　　(5)　第6類　注水注意

消防設備・警報設備の基準

【36】 消火設備の組合せのうち，誤っているものはどれか。
(1) 第1種消火設備・・・・屋外消火栓設備
(2) 第2種消火設備・・・・二酸化炭素消火設備
(3) 第3種消火設備・・・・水蒸気・水噴霧消火設備
(4) 第4種消火設備・・・・大型消火器
(5) 第5種消火設備・・・・小型消火器

【37】 第4種消火設備に該当するものはいくつあるか。
A　ハロゲン化物を放射する大型消火器
B　棒状の水を放射する小型消火器
C　泡消火設備
D　屋内消火栓設備
E　消火粉末を放射する大型消火器
(1) 1つ
(2) 2つ
(3) 3つ
(4) 4つ
(5) 5つ

【38】 次の（　）内に入るものはどれか。
「第4種消火設備は，防護対象物の各部分から消火設備に至る歩行距離は（　）となるように設けなければならない。ただし，第1種，第2種又は第3種消火設備と併置する場合は，この限りではない。」
(1) 15〔m〕以下
(2) 20〔m〕以下
(3) 25〔m〕以下
(4) 30〔m〕以下
(5) 60〔m〕以下

【39】 製造所等に消火設備を設置する場合の所要単位を計算する方法として，次のうち誤っているものはどれか。ただし，製造所等は他の用に供する部分を有しない建築物に設けるものとする。
(1) 外壁が耐火構造でない製造所の建築物は，延べ面積50〔m^2〕を1所要単位とする。
(2) 外壁が耐火構造の貯蔵所の建築物は，延べ面積150〔m^2〕を1所要単位とする。
(3) 外壁が耐火構造の製造所の建築物は，延べ面積100〔m^2〕を1所要単位とする。
(4) 外壁が耐火構造でない貯蔵所の建築物は，延べ面積75〔m^2〕を1所要単位とする。
(5) 危険物は指定数量の100倍を1所要単位とする。

第3章　練 習 問 題

【40】　指定数量の10倍以上を貯蔵し，又は取り扱う製造所等（移動タンク貯蔵所は除く）には警報装置を設置しなければならないが，警報設備に該当しないものはいくつあるか。
  A　自動火災報知設備
  B　消防機関に報知できる電話
  C　ガス漏れ検知装置
  D　警鐘
  E　非常ベル装置
  F　拡声装置
  (1)　1つ　　(2)　2つ　　(3)　3つ　　(4)　4つ　　(5)　5つ

【41】　製造所等に設けなければならない消火設備は，第1種から第5種までに区分されているが，次のうち第3種に該当するものはどれか。
  (1)　泡消火設備
  (2)　屋内消火栓設備
  (3)　スプリンクラー設備
  (4)　泡を放射する大型消火器
  (5)　乾燥砂

行政違反等に対する措置

【42】　市町村長等が製造所等の修理，改造または移転を命じることができるものは次のうちどれか。
  (1)　許可を受けないで製造所等を設置し，危険物を取扱っていたとき。
  (2)　製造所等を譲り受け，その旨の届出をしなかったとき。
  (3)　製造所等で貯蔵し，または取扱う危険物の品名，数量または指定数量の倍数を無届で変更したとき。
  (4)　完成検査を受けないで製造所等を使用したとき。
  (5)　製造所等の位置，構造及び設備が法令に定める技術上の基準に適合していないとき。

【43】　市町村長等の命令として，次の組合せのうち誤っているものはどれか。

	法 令 違 反 等	命 令 等
(1)	製造所等の位置，構造及び設備が技術上の基準に適合していないとき	製造所等の修理，改造または移転命令
(2)	製造所等における危険物の貯蔵または取扱いの方法が，技術上の基準に違反しているとき	危険物の貯蔵，取扱基準遵守命令
(3)	製造所等において危険物の流出その他の事故が発生したときに，所有者等が応急措置を講じていないとき	応急措置命令
(4)	公共の安全の維持または災害発生の防止のため，緊急の必要があるとき	製造所等の一時使用停止命令または使用制限
(5)	危険物保安監督者が，その責務を怠っているとき	危険物の取扱作業の保安に関する講習の受講命令

【44】 製造所等の使用停止命令の発令理由に該当しないものは，次のうちどれか。
　(1)　定期点検を行わなければならない製造所等において，それを期限内に実施していない場合。
　(2)　製造所等で危険物の取扱作業に従事している危険物取扱者が，免状の書換えをしていない場合。
　(3)　危険物保安統括管理者を定めなければならない事業所において，それを定めていない場合。
　(4)　設置または変更に係る完成検査を受けないで，製造所等を全面的に使用した場合。
　(5)　危険物保安監督者を定めなければならない製造所等において，それを定めていない場合。

【45】 消防吏員又は警察官が命じることのできるのはどれか。
　(1)　危険物取扱者が消防法に違反している場合の免状の返納。
　(2)　走行中の移動タンク貯蔵所の停止。
　(3)　指定数量以上の危険物を貯蔵・取扱いしているすべての場所の所有者等に対しての資料提出。
　(4)　危険物の品名・数量又は指定数量の倍数の変更。
　(5)　火災予防のための予防規定の変更。

事故防止安全対策

【46】 次の事故事例を教訓とした今後の対策として，次のうち誤っているものはどれか。
「給油取扱所の地下専用タンクに移動貯蔵タンクからガソリンを注入する際，作業員が誤って他の満液タンクの注入口に給油ホースを結合したため，当該タンクの計量口からガソリンが噴出した。」
　(1)　地下専用タンクの計量口は漏れないように確実に閉鎖する。
　(2)　注入時は地下専用タンクの通気管を閉鎖しておく。
　(3)　注入開始前に移動貯蔵タンクと地下専用タンクの油量も確認する。
　(4)　給油ホースを結合する注入口に誤りがないことを確認する。
　(5)　注入作業は給油取扱所と移動タンク貯蔵所の両方の危険物取扱者が自ら行うか又は立ち会う。

【47】 自動車整備工場において自動車の燃料タンクのドレンから金属じょうごを使用してガソリンをポリエチレン容器に抜き取っていたところ，発生した静電気の火花が，ガソリン蒸気に引火したため火災となり，行為者が火傷を負った。このような事故を防止する方法として，次のうち誤っているものはどれか。
　(1)　湿度が低い時期は静電気が発生しやすいので注意する。
　(2)　燃料タンクを加圧してガソリンの流速を速め，抜き取りを短時間に終わらせる。
　(3)　少量の危険物取扱作業であってもできるだけ危険物取扱者が自ら行う。
　(4)　危険物取扱作業は通風または換気のよい場所で行う。
　(5)　容器はポリエチレン製ではなく，金属製とし，接地する。

第3章　練習問題

【48】　石油類の貯蔵タンクを修理または清掃する場合の火災予防上の注意事項として，次のうち誤っているものはどれか。
(1)　タンク内に残っている可燃性蒸気を排出する。
(2)　タンク内に可燃性蒸気が滞留していないことを，測定機器で確認してから修理などを開始する。
(3)　洗浄のため水蒸気をタンク内に噴出させるときは，静電気の発生を防止するため，高圧で短時間に行う。
(4)　残油などをタンクから抜き取るときは，静電気の蓄積を防止するため，容器などを接地（アース）する。
(5)　タンク内の可燃性蒸気を置換する場合には，窒素，二酸化炭素などを使用する。

【49】　ガソリンを貯蔵していたタンクにそのまま灯油を入れると爆発することがあるので，その場合はタンク内のガソリン蒸気を完全に除去してから灯油を入れなければならない。この理由として次のうち妥当なものはどれか。
(1)　ガソリン蒸気が灯油と混合し，灯油の発火点が著しく低くなるから。
(2)　ガソリン蒸気が灯油の流入により断熱圧縮されて発熱し，発火点以上になることがあるから。
(3)　ガソリン蒸気が灯油と混合して熱を発生し，発火することがあるから。
(4)　タンク内に充満していたガソリンの蒸気が灯油に吸収されて燃焼範囲内の濃度になり，灯油の流入により発生する静電気の火花放電で引火することがあるから。
(5)　ガソリン蒸気が灯油の蒸気と化合し，自然発火しやすくなるから。

【50】　危険物の製造所で改修などの工事を実施する場合，安全管理の対策として，次のうち妥当でないものはどれか。
(1)　工事が他の部分の工事と並行して実施される場合は，互いの作業に危険を及ぼすことがあるので，相互の連絡を密接にして工事を実施する。
(2)　工事部分及び施設全体について，工事を実施する際に生ずる危険性を予測し，事前に十分把握しておく。
(3)　施設全体に影響を及ぼす工事箇所などに変更の必要が生じた場合は，現場責任者の判断により速やかに工事を実施し，完了後，工事を統括する責任者に報告する。
(4)　工事の方法，工程ごとのチェック体制などの安全管理組織を確立し，責任区分及び指示系統を明確にしておく。
(5)　工事方法等を具体的に指示した安全マニュアルを作成し，遵守する。

【51】　移動タンク貯蔵所から給油取扱所に危険物を注入する場合に行う安全対策として，次のうち妥当でないものはどれか。
(1)　地下専用タンクの残油量を計量口で開けて確認し，注入が終了するまで計量口の蓋は閉めないようにする。
(2)　注入中は緊急事態にすぐ対応できるように，移動タンク貯蔵所付近から離れないようにする。
(3)　荷受け側責任者と荷おろしする危険物の種類，数量などを確認してから作業を開始する。
(4)　移動タンク貯蔵所に接地された接地導線を給油取扱所に接地された接地端子に取り付ける。
(5)　荷受け側施設内での火気使用状況を確認するとともに，注油口の近くで風上となる場所を選んで消火器を配置する。

【52】 危険物を取扱う地下埋設鋼管が腐食して危険物が漏えいする事故が発生しているが，腐食の原因として最も考えにくいものは次のうちどれか。
(1) 地下水位が高く，常時配管の上部が乾燥し，下部が湿っていた。
(2) 配管を埋設する際，工具が落下し，被覆がはげたのに気づかず埋設した。
(3) コンクリート中に配管を埋設した。
(4) 電気器具のアースをとるため，銅の棒を地中に打ち込んだときに配管と銅が接触した。
(5) 配管を埋設した近くに直流の電気設備を設置したため，迷走電流の影響が大きくなった。

【53】 油槽所から河川の水面に，非水溶性の引火性液体が流出した場合の処置について，次のうち適当でないものはどれか。
(1) オイルフェンスを周囲に張りめぐらし，回収装置で回収する。
(2) 引火性液体が河川に流出したことを付近や下流域に知らせ，火気使用の禁止などの協力を呼びかける。
(3) 流出した引火性液体を堤防の近くからオイルフェンスで河川の中央部分に集め，監視しながら揮発分を蒸発させる。
(4) 大量の油吸着材の投入と，引火性液体を吸着した吸着材の回収作業を繰り返し行う。
(5) 河川の引火性液体の流出を防止するとともに，火災の発生に備え，消火作業の準備をする。

【54】 製造所等で危険物の流出その他の事故が発生したとき，直ちに講じなければならない措置として定められているものは，次のうちA～Eのうちいくつあるか。
　A 引き続く危険物の流出を防止すること
　B 流出した危険物の拡散を防止すること
　C 流出した危険物を除去すること
　D 事故現場付近に在る者を消防作業等に従事させること
　E 火災等の災害発生防止の応急措置を講じること
(1) 1つ
(2) 2つ
(3) 3つ
(4) 4つ
(5) 5つ

模擬試験 1

危険物に関する法令

問1 消防法に定める危険物の品名と該当する物品について，次のうち誤った組合せの物はどれか。

	品　名	該当する物品
(1)	特殊引火物	二硫化炭素，酸化プロピレン
(2)	アルコール類	エタノール，メタノール
(3)	第1石油類	ベンゼン，アセトン
(4)	第2石油類	キシレン，軽油
(5)	第3石油類	重油，アニマ油

問2 次に揚げる危険物が同一貯蔵所に貯蔵されている場合，その総量は指定数量の何倍か。

(1) 9.5倍　　(2) 10倍　　(3) 11倍
(4) 12倍　　(5) 13倍

危険物	貯蔵量
二硫化炭素	100〔ℓ〕
ベンゼン	400〔ℓ〕
アセトン	800〔ℓ〕
エタノール	1,600〔ℓ〕
酢酸	2,000〔ℓ〕

問3 危険物取扱者について，次のうち正しいものはどれか。
(1) 丙種危険物取扱者が取り扱うことのできる危険物は，ガソリン，灯油，軽油，第3石油類（重油，潤滑油及び引火点130〔℃〕以上のものに限る），第4石油類，動植物油類である。
(2) 乙種危険物取扱者が免状に指定する危険物以外の危険物を取り扱う場合でも特別の場合は立ち会うことができる。
(3) 甲種危険物取扱者はすべての危険物を取り扱うことはできるが，危険物取扱者以外の者の取扱いに立ち会うことはできない。
(4) 危険物取扱者免状は取得した都道府県のみで有効である。
(5) 丙種危険物取扱者は危険物保安監督者になることができる。

問4 法令上，危険物の取扱作業の保安に関する講習について次のうち正しいものはどれか。
(1) 受講義務のある危険物取扱者は必ず2年に1回受講しなければならない。
(2) 法令の規定に違反して罰金以上の刑に処された者に受講が義務づけられている。
(3) 免状の交付を受けている者のうち製造所等において現に危険物の取扱作業に従事している者に受講が義務づけられている。
(4) 危険物保安監督者のみに受講が義務づけられている。
(5) 受講義務のある危険物取扱者のうち甲種及び乙種危険物取扱者は3年に1回，丙種危険物取扱者は5年に1回それぞれ受講しなければならない。

問5　製造所等への危険物の貯蔵，取扱いの制限について誤っているものはどれか。
　(1)　簡易タンクは貯蔵所では，1基 600〔ℓ〕以下で3基まで設置できるが，同一品質の危険物は2基以上設けることはできない。
　(2)　移動タンク貯蔵所では，タンクの容量は30,000〔ℓ〕以下である。
　(3)　給油取扱所では，固定給油設備に接続する専用タンク又は容量30,000〔ℓ〕以下の廃油タンク等を地盤面下に埋設して設けることができる。
　(4)　屋内タンク貯蔵所では，タンクの容量は指定数量の40倍以下とし，第4石油類及び動植物油類以外の第4類危険物については20,000〔ℓ〕以下としなければならない。
　(5)　第2種販売取扱所では，取り扱う危険物は指定数量の倍数の15倍を超えて40倍以下である。

問6　地下タンクを有する給油取扱所を設置する場合の手続きについて，正しいものはどれか。
　(1)　許可申請→許可書交付→工事着工→工事完了→完成検査申請→完成検査済証交付→使用開始
　(2)　許可申請→許可→工事着工→完成検査前検査申請→工事完了→完成検査済証交付→使用開始
　(3)　許可申請→許可→工事着工→工事完了→完成検査前検査申請→認可→使用開始
　(4)　許可申請→許可書交付→工事着工→完成検査前検査→工事完了
　　　　　　　　　　　　　　　　　　　　　　　→完成検査申請→完成検査済証交付→使用開始
　(5)　許可申請→許可→工事着工→工事完了届出→認可→使用開始

問7　保有空地を有しなければならない製造所等の組合せとして正しいものはどれか。
　(1)　屋内タンク貯蔵所，屋内貯蔵所，屋外タンク貯蔵所
　(2)　地下タンク貯蔵所，簡易タンク貯蔵所，一般取扱所
　(3)　屋外タンク貯蔵所，屋外貯蔵所，一般取扱所
　(4)　製造所，給油取扱所，第2種販売取扱所
　(5)　簡易タンク貯蔵所（屋外），第1種販売取扱所，一般取扱所

問8　屋外タンク貯蔵所の位置，構造及び設備の技術上の基準に定められていないものはどれか。
　(1)　危険物の量を自動的に表示する装置。
　(2)　発生する蒸気濃度を自動的に測定する装置。
　(3)　圧力タンクには安全装置，非圧力タンクには通気管を設ける。
　(4)　電気設備は防爆構造とする。
　(5)　液体危険物の場合は防油堤を設ける。

問9　セルフ型スタンドの給油取扱所の位置，構造，設備及び取扱いの技術上基準において正しいものはいくつあるか。
　A　燃料が満量になった場合に，危険物の供給を停止する構造の給油ノズルを備える。
　B　給油量及び給油時間の下限を設定できる構造にする。
　C　固定給油設備等へ顧客の運転する自動車等が衝突することを防止するための対策を講じる。
　D　顧客が給油作業等を終了した場合は，顧客の給油作業等が行えない状態にする。
　E　非常時でも固定給油設備等において，取扱いができる状態にする。
　(1)　1つ　　(2)　2つ　　(3)　3つ　　(4)　4つ　　(5)　5つ

問10　危険物保安統括管理者の解任命令について当てはまる語句の組合せとして正しいものはどれか。
「（ A ）は危険物保安統括管理者が消防法などに違反したとき，またはその業務を行わせることが公共の安全維持や災害発生防止に支障があると認めたときは，（ B ）に対して（ C ）の解任を命じることができる。」

	A	B	C
(1)	市町村長等	所有者等	危険物保安統括管理者
(2)	都道府県知事	所有者等	危険物施設保安員
(3)	消防長又は消防署長	危険物保安統括管理者	所有者等
(4)	市町村長等	危険物保安統括管理者	危険物施設保安員
(5)	消防長又は消防署長	市町村長等	危険物保安統括管理者

問11　予防規程に関する説明で，正しいものはどれか。
(1)　予防規程は製造所等における位置，構造及び設備の点検項目について定めた規程である。
(2)　予防規程は製造所等における危険物取扱者の遵守事項を定めた規程である。
(3)　予防規程は製造所等の火災を予防するために危険物の保安に関して，具体的，自主的な基準を設けた規程である。
(4)　予防規程は製造所等の労働災害を予防するための安全管理マニュアルを定めた規程である。
(5)　予防規程は製造所等における危険物の取扱い数量について定めた規程である。

問12　危険物の取扱いのうち，消費及び廃棄の技術上の基準について誤っているものはどれか。
(1)　埋没する場合は危険物の性質に応じ，安全な場所で行う。
(2)　バーナーにより危険物を燃焼させる場合は逆火防止と燃料があふれないようにする。
(3)　焼入れ作業は危険物が危険な温度にならないようにする。
(4)　燃焼による危険物の廃棄は，異常燃焼又は爆発によって他に危害又は損害を及ぼす恐れが大きいので行ってはならない。
(5)　染色又は洗浄作業は換気を行い，廃液は適正に処理する。

問13　危険物の運搬に関する技術上の基準に定められていないものはどれか。
(1)　運搬容器は収納口を上方に向けて積載しなければならない。
(2)　運搬容器の外部には原則として危険物の品名，数量等を表示して積載しなければならない。
(3)　指定数量以上の危険物を車両で運搬する場合は当該車両「危」の標識を掲げなければならない。
(4)　指定数量の10倍以上の危険物を車両で運搬する場合は，所轄消防署長に届出なければならない。
(5)　運搬容器の構造は，堅固で容易に破損することなく，かつ収納口から危険物が漏れることがないようにする。

問 14　移動タンク貯蔵所による危険物の貯蔵，取扱い及び移送について，誤っているものはどれか。
 (1)　移動貯蔵タンクから漏油等の災害発生の恐れがある場合は，災害防止のために応急措置を講じ，最寄りの消防機関等に通報する。
 (2)　静電気による災害発生の恐れがある危険物を移動貯蔵タンクに注入する場合は，注入管の先端を底部につけ，接地して出し入れを行う。
 (3)　移動貯蔵タンクには，取り扱う危険物の類，品名及び最大数量を表示する。
 (4)　移動貯蔵タンクから引火点が 40〔℃〕未満の危険物を容器に詰め替える場合は，安全な注入速度であれば，手動の注入ノズルを使用することができる。
 (5)　引火点 40〔℃〕未満の危険物を注入する場合は，移動タンク貯蔵所の原動機を停止してから行う。

問 15　製造所等の使用停止命令の発令事由として，正しいものはいくつあるか。
 A　危険物施設保安員を選任しない場合。
 B　施設を譲渡されて届出をしない場合。
 C　危険物取扱者が危険物保安講習を受講していない場合。
 D　危険物保安監督者を選任しない場合。
 E　予防規程を無許可で変更した場合。
 (1)　1つ　　(2)　2つ　　(3)　3つ　　(4)　4つ　　(5)　5つ

基礎的な物理学および基礎的な化学

問 16　次の静電気の発生について，誤っているのはどれか。
 (1)　湿度が大きいほど発生しにくい。
 (2)　パイプ内の流速が大きいほど発生しやすい。
 (3)　熱伝導率が大きいほど発生しやすい。
 (4)　アースを接続すると発生が抑えられる。
 (5)　金属とプラスチックではプラスチックの方が発生しやすい。

問 17　次の物質において単体と化合物の組合せで正しいものはいくつあるか。
 (1)　なし　　(2)　1つ　　(3)　2つ
 (4)　3つ　　(5)　4つ

	単 体	化合物
A	二酸化炭素	水
B	酸 素	オゾン
C	水 素	メタノール
D	食 塩	窒 素
E	鉄	食 塩

問 18　次の（　）に入る数値はどれか。
　「20〔℃〕のとき比熱 5.0〔J/g〕・〔℃〕の物質 200〔g〕に 10〔kJ〕の熱量を加えると，この物質は（　）〔℃〕になる。」
 (1)　30　　(2)　35　　(3)　40　　(4)　50　　(5)　100

問19　次の文章の説明で誤っているものはどれか。
(1) pH3の水溶液は酸性である。
(2) pH10の水溶液は赤色のリトマス紙を青色に変える。
(3) 硫酸ナトリウム水溶液は中性である。
(4) 酸と塩基の水溶液は中和し、塩と水を生じる。
(5) 酸は金属と反応して酸素を発生する。

問20　次の説明で正しいものはいくつあるか。
A　黄りんと赤りんは同異体である。
B　食塩水は混合物である。
C　ガソリンは種々の炭化水素の混合物である。
D　メタノールとエタノールは異性体である。
E　オゾンは酸素原子のみからなる単体である。
(1) 1つ　　(2) 2つ　　(3) 3つ　　(4) 4つ　　(5) 5つ

問21　燃焼の3要素として正しい組合せはどれか。

(1)	一酸化炭素	酸素	火炎
(2)	水素	窒素	静電気火花
(3)	ガソリン	一酸化炭素	電気火花
(4)	ナトリウム	ヘリウム	摩擦熱
(5)	アセトン	炭素	酸化熱

問22　次の物質で蒸発燃焼するものは、いくつあるか。
A　ガソリン　　　　B　プロパン
C　ニトロセルロース　　D　硫黄　　　　E　木材
(1) 1つ　　(2) 2つ　　(3) 3つ　　(4) 4つ　　(5) 5つ

問23　次の液体の引火点及び燃焼範囲の数値として考えられる組合せはどれか。
「ある引火性液体は30〔℃〕で液面付近の蒸気濃度が5〔%〕であった。このとき、火を近づけると燃焼した。また、50〔℃〕で液面付近の蒸気濃度は20〔%〕あり同じように火を近づけたが燃焼しなかった。」

	引火点	燃焼範囲
(1)	15〔℃〕	6〔%〕～15〔%〕
(2)	20〔℃〕	3〔%〕～25〔%〕
(3)	25〔℃〕	4〔%〕～18〔%〕
(4)	30〔℃〕	10〔%〕～19〔%〕
(5)	35〔℃〕	3〔%〕～10〔%〕

問24　消火に関する説明のうち、誤っているものはどれか。
(1) 燃焼の3要素である可燃性物質、酸素供給源、点火源(熱源)のうち、消火するには、2つの要素を取り除く必要がある。
(2) 可燃性物質を取り除くことによる消火は除去消火である。
(3) 酸素供給源を取り除くことによる消火は窒息消火である。
(4) 水は比熱、気化熱が大きいので冷却効果が大きい。
(5) ハロゲン元素の負触媒効果を利用した消火は抑制消火である。

問25　二酸化炭素消火剤についての説明で，正しいものはどれか。
（1）　二酸化炭素は，消火後の汚損が少ないので普通火災に使用できる。
（2）　二酸化炭素が可燃物と反応することにより，消火する。
（3）　二酸化炭素が可燃物と反応して，一酸化炭素が発生するので室内では使用できない。
（4）　二酸化炭素は電気の不良導体のために電気火災に使用できるが，油火災には使用できない。
（5）　二酸化炭素は窒息効果以外に，蒸発熱による冷却効果もある。

危険物の性質並びにその火災予防および消火の方法

問26　危険物の類ごとの性状について，正しいものはどれか。
（1）　第1類危険物は，不燃性である酸化性の固体または液体である。
（2）　第2類危険物は，引火性を示す固体もある。
（3）　第3類危険物は，空気との接触により発火する固体または液体である。
（4）　第5類危険物は，不燃性であるが，分解により酸素を発生する固体または液体である。
（5）　第6類危険物は，酸化性を示す可燃性の液体である。

問27　第4類危険物の性質として，正しいものはどれか。
（1）　水溶性のものは引火しない。
（2）　電気伝導度が大きいので，静電気を蓄積しやすい。
（3）　沸点の高いものは，引火爆発の危険性が高い。
（4）　発火点が高いものは，燃焼下限界が低い。
（5）　常温（20〔℃〕）では液状である。

問28　第4類危険物の火災予防として，誤っているものはどれか。
（1）　使用後の容器でも蒸気が残っている場合があるので取扱いに注意する。
（2）　蒸気が外部に漏れないように，室内の換気は行わない。
（3）　危険物の流動により静電気が発生する場合は，アースなどにより静電気を除く。
（4）　ドラム缶の栓を開ける場合は，金属工具でたたかないようにする。
（5）　河川や下水溝に流出しないように，注意する。

問29　危険物の火災に適応する消火剤の組合せについて，誤っているものはどれか。

	危険物	消火剤
(1)	ガソリン	ハロゲン化物
(2)	メタノール	一般の空気泡
(3)	軽油	強化液（霧状）
(4)	アセトン	二酸化炭素
(5)	ジエチルエーテル	消火粉末

問30　ガソリン及び軽油に共通して使用できる消火器はいくつあるか。
　A　一般の化学泡消火器　　B　耐アルコール泡消火器　　C　二酸化炭素消火器
　D　粉末消火器　　　　　　E　強化液（霧状）消火器
（1）　1つ　　（2）　2つ　　（3）　3つ　　（4）　4つ　　（5）　5つ

問31　ジエチルエーテルは空気と長く接触し，さらに日光にさらされると加熱，摩擦または衝撃により爆発の危険を生じるが，その理由はどれか。
(1)　燃焼範囲がさらに広くなるため。
(2)　発火点が低くなるため。
(3)　分解して酸素が発生するため。
(4)　過酸化物を生じるため。
(5)　重合して，不安定な物質になるため。

問32　自動車ガソリンについて，誤っているものはどれか。
(1)　引火点は，−40〔℃〕以下である。
(2)　オレンジ色に着色されている。
(3)　燃焼範囲は，1.4〜7.6〔％〕である。
(4)　発火点は，100〔℃〕より低い。
(5)　液比重は，1より小さい。

問33　エタノールの性状として，誤っているものはどれか。
(1)　引火点は常温20〔℃〕以下である。
(2)　水または有機溶媒によく溶ける。
(3)　蒸気比重はメタノールよりやや大きい。
(4)　毒性はないが麻酔性がある。
(5)　無色，無臭である。

問34　次の危険物の引火点と燃焼範囲からみて，もっとも危険性の大きいものはどれか。

		引火点	燃焼範囲
(1)	ガソリン	−40〔℃〕	1.4〜7.6〔％〕
(2)	アセトン	−20〔℃〕	2.2〜13〔％〕
(3)	メタノール	11〔℃〕	6.0〜36〔％〕
(4)	ベンゼン	−10〔℃〕	1.3〜7.1〔％〕
(5)	ジエチルエーテル	−45〔℃〕	1.9〜36〔％〕

問35　事故例を教訓とした今後の事故防止対策として，誤っているものはどれか。
「給油取扱所において，アルバイトの従業員が20〔ℓ〕ポリエチレン容器を持って灯油を買いにきた客に，誤って自動車ガソリンを売ってしまった。」
(1)　誤って販売する事故は，アルバイト等の臨時従業員が応対するときに多く発生しているので，保安教育を徹底する。
(2)　自動車ガソリンは無色であるが，灯油は薄茶色であるので，色を確認してから容器に注入する。
(3)　自動車ガソリンは，20〔ℓ〕ポリエチレン容器に入れてはならないことを全従業員に徹底する。
(4)　容器に注入する前に，油の種類を確認する。
(5)　灯油の小分けであっても，危険物取扱者が行うか，または立ち会う。

模擬試験 2

危険物に関する法令

問1 消防法別表における性質と品名の組合せとして誤っているものは次のうちどれか。

	性　質	品　名
(1)	酸化性固体	硝酸塩類
(2)	可燃性固体	黄リン
(3)	自然発火性物質及び禁水性物質	カリウム
(4)	自己反応性物質	ニトロ化合物
(5)	酸化性液体	硝酸

問2 次に揚げる性状の危険物が同一貯蔵所に貯蔵されている場合、その総量は指定数量の何倍か。
- 特殊引火物、非水溶性が 100〔ℓ〕
- 第1石油類、水溶性が 800〔ℓ〕
- 第3石油類、非水溶性が 2,000〔ℓ〕

(1) 3倍　　(2) 4倍　　(3) 5倍　　(4) 6倍　　(5) 8倍

問3 次のA〜Cに当てはまる語句の組合せとして正しいものはどれか。

「指定数量以上の危険物は、危険物製造所等以外の場所で貯蔵又は取り扱うことが禁止されているが、(A)の(B)を受けて(C)日以内に限り、仮に貯蔵し、又は取り扱うことができる。」

	A	B	C
(1)	所轄消防長又は消防署長	許可	15日
(2)	所轄消防長又は消防署長	承認	10日
(3)	市町村長	許可	5日
(4)	市町村長	承認	10日
(5)	都道府県知事	許可	15日

問4 免状に関する説明として、次のうち誤っているものはどれか。
(1) 免状は5年ごとに更新しなければならない。
(2) 免状の再交付を受けた後、亡失した免状を発見した場合は、再交付を受けた都道府県知事に10日以内に提出しなければならない。
(3) 免状の記載事項に変更が生じた場合は、免状を交付した都道府県知事又は住居地もしくは勤務地を管轄する都道府県知事に書き換えを申請しなければならない。
(4) 免状に添付された写真が10年以上経過した場合は書き換えが必要である。
(5) 免状の汚損・滅失・亡失・破損をした場合、免状の交付又は書換えをした都道府県知事に再交付申請をする。

問5　製造所等を変更する場合，工事を着工できる時期として正しいものはどれか。
(1)　変更許可を申請すれば，いつでも着工できる。
(2)　仮使用の承認を受ければ，いつでも着工できる。
(3)　許可を受けるまで，着工できない。
(4)　変更工事が位置，構造，設備の基準に適合していればいつでも着工できる。
(5)　変更許可申請後，7日経過すればいつでも着工できる。

問6　製造所等の中には特定の建築物から一定の距離（保安距離）を保たなければならないものがあるが，その建築物として次のうち誤っているものはどれか。
(1)　35000Vをこえる特別高圧埋設電線
(2)　重要文化財などの建造物
(3)　一般住宅
(4)　高圧ガス施設
(5)　病院

問7　次の図に示す屋外タンク貯蔵所において，保安距離，敷地内距離及び保有空地の幅を示すものの組合せとして正しいものはどれか。

	保安距離	敷地内距離	保有空地の幅
(1)	A	E	H
(2)	A	F	G
(3)	B	D	H
(4)	B	F	G
(5)	D	C	H

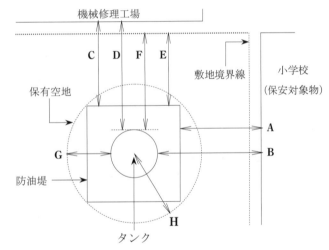

問8　4基の屋外タンク貯蔵所を同一の防油堤内に設置する場合，この防油堤の必要最小限の容量として，正しいものはどれか。

1号タンク	軽油	600〔kℓ〕
2号タンク	重油	1,000〔kℓ〕
3号タンク	ガソリン	100〔kℓ〕
4号タンク	灯油	300〔kℓ〕

(1)　100〔kℓ〕　　(2)　110〔kℓ〕　　(3)　1,100〔kℓ〕
(4)　2,000〔kℓ〕　(5)　2,200〔kℓ〕

問9　セルフ型スタンドの給油取扱所の位置，構造，設備及び取扱いの技術上基準において正しいものはどれか。
(1)　セルフ型スタンドでは安全の点から保有空地を設けなければならない。
(2)　給油量及び給油時間の上限を設定できない構造にする。
(3)　顧客が給油を行う際には危険物取扱者が立ち会わなければならない。
(4)　著しい引張力が加わった場合に安全に分離する構造の給油ホースを備えなければならい。
(5)　顧客は顧客用固定給油設備以外の固定給油設備は，従業員の許可がなければ給油等はできない。

問10 危険物保安監督者に関する説明で，正しいものはいくつあるか。
A 危険物取扱者であれば，免状の種類にかかわらずに危険物保安監督者に選任することができる。
B 危険物保安監督者は，甲種又は乙種危険物取扱者で，1年以上の実務経験が必要である。
C 危険物保安監督者は，危険物の数量や指定数量の倍数に関係なく，すべての製造所で選任しなければならない。
D 危険物保安監督者は，危険物施設保安員の指示に従って保安の監督をしなければならない。
E 危険物保安監督者を定める権限を有しているのは，製造所等の所有者，管理者又は占有者である。
(1) 1つ (2) 2つ (3) 3つ (4) 4つ (5) 5つ

問11 定期点検に関する説明で，誤っているものはいくつあるか（規則で定める漏れの点検を除く）。
A 定期点検は，原則として1年に1回以上行わなければならない。
B 定期点検を行う危険物取扱者は，6ヶ月以上の実務経験が必要である。
C 点検記録は，原則として1年間保存しなければならない。
D 定期点検は，原則として危険物取扱者又は危険物施設保安員が行わなければならない。
E 地下タンク貯蔵所は貯蔵する危険物の種類，数量に関係なく，定期点検を実施しなければならない。
(1) 1つ (2) 2つ (3) 3つ (4) 4つ (5) 5つ

問12 給油取扱所における危険物の取扱いについて，誤っているものはどれか。
(1) 固定給油設備を使用して直接給油する。
(2) 自動車の洗浄は，引火性液体の洗剤を使用しない。
(3) 給油業務が行われていないときは，係員以外の者を出入りさせないための必要な措置を講じる。
(4) 物品の販売等は，原則として建築物の1階で行う。
(5) 自動車が給油空地からはみ出す場合は，防火上細心の注意をすること。

問13 灯油10〔ℓ〕をポリエチレン製の容器で運搬する場合に，容器への表示が必要とされていないものはどれか。
(1) 灯油 (2) 10〔ℓ〕 (3) ポリエチレン製 (4) 第2石油類 (5)「火気厳禁」

問14 移動タンク貯蔵所によるベンゼンの移送，取扱いについて，正しいものはどれか。
(1) 甲種，乙種（第4類）又は丙種危険物取扱者が同乗する。
(2) 移動貯蔵タンクから他のタンクに危険物を注入するときは，原動機を停止させる。
(3) 夜間に限り，車両の前後に定められた標識を表示する。
(4) 完成検査済証は，紛失防止のために完成検査済証の写しを携帯する。
(5) 移送中に危険物が漏れた場合は，速やかにひきかえす。

問15 市町村長等の命令として，誤っているものはどれか。
(1) 危険物の流出その他の事故が発生した場合 …… 応急措置命令
(2) 危険物の貯蔵・取扱が技術上の基準に違反している場合……危険物の貯蔵・取扱基準遵守命令
(3) 火災予防のために必要がある場合……予防規程変更命令
(4) 危険物保安監督者が，その責務を怠っている場合……保安に関する講習の受講命令
(5) 消防法もしくは消防法に基づく命令規程に違反した場合……危険物保安統括管理者の解任命令

基礎的な物理学および基礎的な化学

問 16 化合物と混合物について，次の記述のうち誤っているものはどれか。
(1) 水は酸素と水素からなる化合物である。
(2) ガソリンは種々の炭化水素の混合物である。
(3) 二酸化炭素は炭素と酸素の化合物である。
(4) 空気は酸素や窒素などの化合物である。
(5) 酸素とオゾンは同素体である。

問 17 次の組合せのうち，同素体ではないものはいくつあるか。
(1) なし　　(2) 1つ　　(3) 2つ
(4) 3つ　　(5) 4つ

A	酸　素	オゾン
B	重水素	水　素
C	黒　鉛	ダイヤモンド
D	炭酸ガス	ドライアイス
E	オルトキシレン	メタキシレン

問 18 常温（20〔℃〕）で1,200〔ℓ〕の容器に1,000〔ℓ〕入った可燃性液体があり，室温が50〔℃〕の状態になったとき，容器内の液体の体積はどれくらいになるか（ただし，体膨張率を0.0014とする）。
(1) 1,028〔ℓ〕　(2) 1,042〔ℓ〕　(3) 1,050〔ℓ〕　(4) 1,070〔ℓ〕　(5) 1,084〔ℓ〕

問 19 次の文章の記述のうち，誤っているものはどれか。
(1) 昇華とは固体を加熱すると液体にならずに直接気体になることである。
(2) 沸騰とは液体の表面や液体内部より，蒸発が起こる現象である。
(3) 気体が液体になることを凝縮という。
(4) 水は4〔℃〕のときに体積も密度も一番大きくなる。
(5) 水が気化するとき，周囲より熱を奪う。

問 20 次の記述のうち，酸化反応はどれか。
(1) 酸化銅が，銅に変化した。
(2) 亜鉛イオンが電子を得て亜鉛金属となった。
(3) 水素が空気中で燃焼して水になった。
(4) 砂鉄にコークスを加えて加熱すると鉄のかたまりが得られた。
(5) 硫黄が，硫化水素に変化した。

問 21 燃焼に関する説明として，誤っているものはどれか。
(1) ガソリンが燃焼することを蒸発燃焼という。
(2) 木炭が燃焼することを表面燃焼という。
(3) 石炭が燃焼することを分解燃焼という。
(4) ニトロセルロースが燃焼することを内部（自己）燃焼という。
(5) 硫黄が燃焼することを固体燃焼という。

問22　可燃物の燃焼の難易について，誤っているものはどれか。
　(1)　熱伝導率が大きいものほど燃えやすい。
　(2)　発熱量が大きいものほど燃えやすい。
　(3)　可燃性ガスが発生しやすいものほど燃えやすい。
　(4)　酸素との結合力（化学的親和力）が大きいものほど燃えやすい。
　(5)　空気（酸素）との接触面積が大きいものほど燃えやすい。

問23　次の性状を有する可燃性液体についての記述で，正しいものはどれか。
　　液比重　0.80，引火点　5.0〔℃〕，沸点　110〔℃〕，蒸気比重（空気=1）2.1，発火点　450〔℃〕
　(1)　この液体2〔kg〕の容積は1.56〔ℓ〕である。
　(2)　自ら燃え出すのに十分な濃度の蒸気を液面上に発生する最低液温は5.0〔℃〕である。
　(3)　可燃性蒸気が発生する液温は110〔℃〕である。
　(4)　発生する蒸気の重さは，空気の約2倍である。
　(5)　温度が450〔℃〕以上になると分解が始まる。

問24　次の物質についての記述で，正しいものはどれか。
　　「ある固体を加熱していくと6〔℃〕で液体となり，30〔℃〕で発生している蒸気濃度は3.5〔％〕であり，このとき火を近づけたが，燃焼しなかった。温度を上げて55〔℃〕での蒸気濃度は7.9〔％〕であり，このとき火を近づけると燃焼した。98〔℃〕での蒸気濃度は23.1〔％〕であり，火を近づけたが燃焼はしなかった。さらに温度を上げて498〔℃〕になると，火を近づけなくても自然に燃焼した。」
　(1)　この物質は常温（20〔℃〕）において，固体である。
　(2)　燃焼下限界は3.5〔％〕である。
　(3)　この物質の沸点は498〔℃〕である。
　(4)　引火点は55〔℃〕より大きい値である。
　(5)　燃焼上限界は23.1〔％〕より低い値である。

問25　消火剤の説明について，正しいものはどれか。
　(1)　水消火剤に界面活性剤を加えると油火災にも有効になる。
　(2)　強化液消火剤の成分は分解するので，定期的に交換する必要がある。
　(3)　水溶性液体の火災では，泡が溶解するので一般的な泡消火剤は使用できない。
　(4)　ハロゲン化物は熱により，溶解して可燃物の表面を覆い，窒息・抑制効果がある。
　(5)　二酸化炭素消火剤は，電気の良導体のために電気火災に使用できない。

危険物の性質並びにその火災予防および消火の方法

問26 次に文章に該当する危険物はどれか。
　「加熱，衝撃，摩擦等により発火し，爆発するものが多く，また酸素を含有しているので，自己燃焼するものが多い固体もしくは液体である。」
　(1) 第1類　　(2) 第2類　　(3) 第3類　　(4) 第5類　　(5) 第6類

問27 第4類危険物の説明のうち，正しいものはどれか。
　(1)　常温以下では，火花によっても引火しない。
　(2)　炎がなければ発火点以上の温度でも燃えない。
　(3)　火花があれば，引火点以下の温度でも燃える。
　(4)　発火点以上の温度に加熱すると燃焼する。
　(5)　常温以下であれば，可燃性蒸気は出さない。

問28 次の文章のA～Dに入る用語の組合せとして，正しいものはどれか。
　「第4類危険物の取り扱いに当たっては，火気または（ A ）の接近を避け，その蒸気は屋外の（ B ）に排出するとともに，蒸気の発生しやすいところでは（ C ）をよくし，または貯蔵容器は（ D ），容器の破損を防止すること。」

	A	B	C	D
(1)	高温体	低所	冷暖房	満杯にし
(2)	可燃物	高所	換気	空間容積を残し
(3)	水分	低所	気密性	満杯にし
(4)	高温体	高所	換気	空間容積を残し
(5)	可燃物	低所	冷暖房	満杯にし

問29 第4類危険物の火災に適応する消火剤の効果として，もっとも適切な理由はどれか。
　(1)　可燃物を分解するため　　　　(2)　蒸気濃度を下げるため
　(3)　液温を引火点以下に下げる　　(4)　酸素の供給を遮断するため
　(5)　蒸気の発生を抑えるため

問30 二硫化炭素の性質について，誤っているものはいくつあるか。
　A　水より重いので，水による窒息消火も可能である。
　B　水にはよく溶け，エタノールにはわずかに溶ける。
　C　燃焼下限界が低く，かつ燃焼範囲が広い。
　D　沸点は特殊引火物の中では，もっとも高い。
　E　静電気は比較的発生しにくい。
　(1) 1つ　　(2) 2つ　　(3) 3つ　　(4) 4つ　　(5) 5つ

問31　灯油と軽油の比較について，正しいものはどれか。
(1)　灯油は水に溶けないが，軽油はわずかに溶ける。
(2)　いずれも常温で引火する危険性がある。
(3)　いずれも蒸気は空気より4～5倍重い。
(4)　灯油は淡紫黄色，軽油はオレンジ色に着色されている。
(5)　灯油の燃焼範囲は，軽油よりかなり広い。

問32　第4石油類について，誤っているものはどれか。
(1)　引火点は200〔℃〕以上である。
(2)　水に溶け，粘性がある液体である。
(3)　常温では，液体である。
(4)　潤滑油や可塑剤が該当する。
(5)　可燃性液体量が40〔%〕以下のものは除外される。

問33　動植物油類について，誤っているものはどれか。
(1)　アマニ油は，ぼろ布にしみこませて放置すると自然発火しやすい。
(2)　引火点が高いので，常温では引火する危険性は少ない。
(3)　不飽和度の高い不飽和脂肪酸を多く含有する油ほど自然発火する危険性が高い。
(4)　引火点の高低は，自然発火のしやすさとはあまり関係ない。
(5)　空気にさらすと硬化しやすいものほど，自然発火しにくい。

問34　次の第4類危険物の中で，引火点が20〔℃〕以下の組合せはどれか。
(1)　ガソリン，二硫化炭素，アセトン
(2)　軽油，酢酸，エチルアルコール
(3)　酸化プロピレン，メチルアルコール，灯油
(4)　ジエチルエーテル，重油，トルエン
(5)　ベンゼン，ピリジン，エチレングリコール

問35　屋内でガソリンを他の容器に詰め替え中に付近で使用していた石油ストーブにより火災となったが，この火災原因として適当なものはどれか。
(1)　ガソリンが石油ストーブにより加熱され，発火点以上となったから。
(2)　石油ストーブの加熱により，ガソリンが分解して自然発火したため。
(3)　ガソリンの蒸気が空気と混合して燃焼範囲の蒸気となり，床をはって石油ストーブのところへ流れたため。
(4)　石油ストーブの加熱により，蒸気が温められて部屋の上空に滞留したため。
(5)　石油ストーブによりガソリンが温められ，燃焼範囲が広がったため。

消防法別表 （第4類は前扉,参照）

第1類 酸化性固体

品　名	品名に該当する物品	品　名	品名に該当する物品
塩素酸塩類	塩素酸カリウム	重クロム酸塩類	重クロム酸アンモニウム
	塩素酸ナトリウム		重クロム酸カリウム
	塩素酸アンモニウ		過ヨウ素酸ナトリウム
	塩素酸バリウム		メタ過ヨウ素酸
	塩素酸カルシウム		三酸化クロム（無水クロム酸）
過塩素酸塩類	過塩素酸カリウム		二酸化鉛
	過塩素酸ナトリウ		五酸化二ヨウ素
	過塩素酸アンモニウム		亜硝酸ナトリウム
無機過酸化物	過酸化リチウム		亜硝酸カリウム
	過酸化カリウム		次亜塩素酸カルシウム
	過酸化ナトリウム		三塩素化イソシアヌル酸
	過酸化ルビジウム		ペルオキソ二硫酸カリウム
	過酸化セシウム		
	過酸化マグネシウ	その他のもので政令で定めるもの（※1）	ペルオキソホウ酸アンモニウム
	過酸化カルシウム		
	過酸化ストロンチウム		
	過酸化バリウム		
亜塩素酸塩類	亜塩素酸ナトリウ		
	亜塩素酸カリウム		
	亜塩素酸銅		
	亜塩素酸鉛	前各号に掲げるもののいずれかを含有するもの	
臭素酸塩類	臭素酸ナトリウム		
	臭素酸カリウム		
	臭素酸マグネシウ		
	臭素酸バリウム		
硝酸塩類	硝酸カリウム		
	硝酸ナトリウム		
	硝酸アンモニウム		
	硝酸バリウム		
	硝酸銀		
ヨウ素酸塩類	ヨウ素酸ナトリウ		
	ヨウ素酸カリウム		
	ヨウ素酸カルシウ		
	ヨウ素酸亜鉛		
過マンガン酸塩類	過マンガン酸カリウム		
	過マンガン酸ナトリウム		
	過マンガン酸アンモニウム		

※1 過ヨウ素酸塩類・過ヨウ素酸クロム・鉛又はヨウ素の酸化物・亜硝酸塩類・次亜塩素酸塩類・塩素化イソシアヌル酸・ペルオキソ二硫酸塩類・ペルオキソホウ酸塩類・炭酸ナトリウム過酸化水素付加物

第2類 可燃性固体

品　名	品名に該当する物品
硫化リン	三硫化リン
	五硫化リン
	七硫化リン
赤リン	
硫黄	
鉄粉	
金属粉	アルミニウム粉
	亜鉛粉
マグネシウム	
その他のもので政令で定めるもの（※1）	
前各号に掲げるもののいずれかを含有するもの	
引火性固体	固形アルコール
	ゴムのり
	ラッカーパテ

※1

第3類 自然発火性物質及び禁水性物質（固体又は液体）

品名	品名に該当する物品
カリウム	
ナトリウム	
アルキルアルミニウム	
アルキルリチウム	ノルマルブチルリチウム
黄リン	
アルカリ金属（※1）及びアルカリ土類金属	リチウム
	カルシウム
	バリウム
有機金属化合物（※2）	ジエチル亜鉛
金属の水素化物	水素化ナトリウム
	水素化リチウム
金属のリン化物	リン化カルシウム
カルシウム又はアルミニウムの炭化物	炭化カルシウム
	炭化アルミニウム
その他のもので政令で定めるもの（※3）	トリクロロシラン
前各号に掲げるもののいずれかを含有するもの	

※1　カリウム及びナトリウムを除く
※2　アルキルアルミニウム及びアルキルリチウムを除く
※3　塩素化珪素化合物

第5類 自己反応性物質（固体又は液体）

品名	品名に該当する物品
有機過酸化物	過酸化ベンゾイル
	メチルエチルケトンパーオキサイド
	過酢酸
硝酸エステル類	硝酸メチル
	硝酸エチル
	ニトログリセリン
	ニトロセルロース
ニトロ化合物	ピクリン酸
	トリニトロトルエン
ニトロソ化合物	ジニトロソペンタメチレンテトラミン
アゾ化合物	アゾビスイソブチロニトリル
ジアゾ化合物	ジアゾジニトロフェノール
ヒドラジンの誘導体	硫酸ヒドラジン
ヒドロキシルアミン	ヒドロキシルアミン
ヒドロキシルアミン塩類	硫酸ヒドロキシルアミン
	塩酸ヒドロキシルアミン
その他のもので政令で定めるもの（※1）	アジ化ナトリウム
	硝酸グアジニン
	1-アリルオキシ-2・3-エポキシプロパン
	4-メチリデンオキセタン-2-オン
前各号に掲げるもののいずれかを含有するもの	

※1　金属のアジ化物
　　　硝酸グアニジン

第6類 酸化性液体

品名	品名に該当する物品
過塩素酸	
過酸化水素	
硝酸	硝酸
	発煙硝酸
その他のもので政令で定めるもの	フッ化塩素
	三フッ化臭素
	五フッ化臭素
	五フッ化ヨウ素
前各号に掲げるもののいずれかを含有するもの	

※1　ハロゲン間化合物
　　　（2種のハロゲンからなる

危険物取扱者試験

受験シリーズ

科目免除で合格！

速習 乙種第1類危険物取扱者試験　［本体　800 円］
速習 乙種第2類危険物取扱者試験　［本体　800 円］
速習 乙種第3類危険物取扱者試験　［本体　800 円］
速習 乙種第4類危険物取扱者試験　［本体　1,000 円］
速習 乙種第5類危険物取扱者試験　［本体　800 円］
速習 乙種第6類危険物取扱者試験　［本体　800 円］

乙種第4類 危険物取扱者試験

合格テキスト　［本体　　900 円］
CD-ROM　　　［本体　5,000 円］

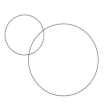

丙種危険物取扱者試験

合格テキスト　［本体　　800 円］
CD-ROM　　　［本体　5,000 円］

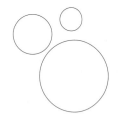

株式会社　梅田出版

TEL 06-4796-8611　　*FAX* 06-4796-8612

E－mail　umeda@syd.odn.ne.jp

改訂3版
乙種第4類
危険物取扱者試験　完全マスター

◆◇◆

平成12年3月15日　第1版第1刷　発行
平成30年1月31日　改訂3版第1刷　発行

Ⓒ著　者　資格試験研究会 編
　発行者　伊藤 由彦
　印刷所　尼崎印刷

　発行所　株式会社 梅田出版
　　　　〒530-0003　大阪市北区堂島2-1-27
　　　　　　　　　TEL　06（4796）8611
　　　　　　　　　FAX　06（4796）8612

乙種第4類危険物取扱者試験　完全マスター
解　答

第1章 基礎的な物理学及び基礎的な化学（P.15）

【1】(3)　液体が固体になることを凝固という。

【2】(1)　気体が冷やされて液体になることを凝縮という。

【3】(1)　減圧すると沸点は低くなり，加圧すると高くなる。

【4】(4)　外圧が高いときや食塩のような不揮発性質が溶けていると，沸点は上昇する。沸点の低い液体ほど蒸発しやすい。

【5】(5)　略

【6】(5)　固体物質の結晶水が放出されて粉末になる現象を風解という。

【7】(3)　-114.5〔℃〕から 78.3〔℃〕までは，この物質は液体の状態である。

【8】(3)　略

【9】(4)　略

【10】(4)　比熱の大きな物質は温まりにくいが，一旦温まると冷めにくい。

【11】(1)　略

【12】(3)　熱容量はその物体の質量と比熱の積で求められる。

【13】(2)　$Q = 200 \times 1.26 \times (35-10) = 6300$〔J〕$= 6.3$〔kJ〕

【14】(1)　略

【15】(5)　B, D, E が誤り。熱伝導率が大きいと熱が伝わりやすいため蓄積しない。
物体が黒いものほど熱をよく吸収する。
対流は，液体や気体などの流体の熱の伝わり方であり鉄は伝導である。

【16】(5)　熱伝導率は，一般に固体，液体，気体の順に小さくなる。

【17】(4)　略

【18】(4)　$V = 1000 \times 1.35 \times 10^{-3} \times (35-15) = 27.0$〔ℓ〕

【19】(3)　増加体積は $1020-1000 = 20$〔ℓ〕
$1000 \times 1.35 \times 10^{-3} \times (x-0) = 20$
$x = 14.8$〔℃〕

【20】(4)　略

【21】(3)　ボイル・シャルル の法則を用いると
$$\frac{P}{273+0} = \frac{2P}{273+x}$$
$273+x = 2 \times 273$　　$x = 273$〔℃〕

【22】(4)　食塩水は塩（塩化ナトリウム）と水との混合物である。

【23】(4)　ナトリウム，アルミニウムは，一種類の元素よりできており単体である。
オゾンは O_3 であり単体である。
エタノールは，炭素，水素，酸素の元素よりできており，化合物である。
空気は，酸素，窒素などの混合物である。

【24】(5)　二酸化炭素は，炭素と水素の化合物である。

【25】(4)　B は異性体
C は同位体（性質は同じだが質量数が異なる）
E は気体か固体かの違い。

【26】(3)　略

【27】(4)　B, C と E が化学変化

【28】(3)　蒸留操作は物理変化である。沸点の差を利用して，二種類以上の物質に分離することである。

【29】(4)　A は 物理変化
B は 化学変化
C は 化学変化
D は 化学変化
E は 物理変化

【30】(4)　略

【31】(2)　酸素と化合した物質を酸化物という。

【32】(4) 酸素が奪われる反応は還元反応である。

【33】(3) (1)は還元反応，(2)と(5)は物理変化，(4)は同素体

【34】(1) ドライアイスが気体になるのは，昇華である。
(2)，(3)，(4)，(5)が酸化反応である。

【35】(4) CO_2の酸素が1つ奪われてCOになった。(1)，(2)，(3)，(5)はいずれも酸素が化合したので酸化されている。

【36】(5) 酸素を与えたり，水素を奪うような物質を酸化剤といい，酸素を奪ったり水素を与えるような物質を還元剤という。

【37】(2) 炭素1〔mol〕(12〔g〕)が燃焼すると，392.2〔kJ〕の熱が発生する。
$\frac{784.4}{392.2} \times 12 = 24.0$〔g〕

【38】(3) 略

【39】(5) 有機化合物は，一般に無機化合物に比べて種類も多く，融点は低い。水には溶けにくい。4類の物質は，ほとんど有機化合物である。

【40】(4) 金属には，展性や延性がある。

【41】(1) カリウムやナトリウムの比重は1よい小さく，水より軽い。

【42】(3) イオン化傾向の大きいものほど陽イオンになりやすく，反応性に富んでいる。

【43】(3) 略

【44】(3) pH14に近づくとアルカリ性が強くなり，pH0に近づくと酸性が強くなる。

【45】(3) 水溶液が酸性を示すのは水素イオン(H^+)によるもので，アルカリ性を示すのは水酸化イオン(OH^-)である。

第2章 危険物の性質並びにその火災予防及び消火の方法

1. 燃焼・消火の基礎知識 (P.33)

【1】(2) 可燃物の中には分解により酸素を発生するものがある。

【2】(5) ガソリンは可燃物，酸素は酸素供給源，電気火花は点火源。

【3】(5) 略

【4】(3) 点火源にならない。

【5】(2) 酸素自体は燃えない。

【6】(4) 灯油と硫黄は蒸発燃焼
木炭は表面燃焼
プロパンガスは気体の燃焼
石炭は分解燃焼

【7】(3) 硫黄は蒸発燃焼

【8】(4) 略

【9】(1) 熱伝導率の小さいもの，可燃性ガスの発生が多いもの，密度が小さいもの，水分の含有量が少ないものほど，燃えやすい。

【10】(5) 気化熱は液体が蒸発して気体になるために必要な熱量。

【11】(1) 体膨張率は熱によっておこる体積変化の割合で燃焼の難易と直接関係ない。

【12】(3) 略

【13】(4) 引火点は燃焼範囲の下限界に相当する濃度の蒸気を液面上に発生するときの液温。

【14】(4) 略

【15】(1) 液体2〔ℓ〕の重さが1.74〔kg〕となる。
4.4〔℃〕で引火する。
条件により飽和蒸気圧は変わる。
蒸気の重さは空気の約3倍ある。

【16】(3) 略

【17】(2) 液温40〔℃〕，蒸気濃度8〔％〕のときに引火したことより，引火点は40〔℃〕以下で，かつ燃焼の下限界は8〔％〕以下となる。

【18】(4) 略

【19】(1) 燃焼範囲は2.6－12.8〔％〕のため，35〔％〕では引火しない。

【20】(5) 略
【21】(1) 略
【22】(3) 略
【23】(2) 電気的に絶縁すると,静電気が蓄積する。
【24】(5) 静電気と液体の蒸発とは関係がない。
【25】(2) A,Dが誤り。一部の静電気は漏れ,残りは蓄積する。静電気で電気分解は起こらない。
【26】(4) 略
【27】(1) 内部燃焼性物質は酸素を含有するために窒息消火は不適。
【28】(1) 泡消火剤,棒状の水,棒状の強化剤は感電する恐れがあるため,電気火災に不適当。
【29】(1) 略
【30】(5) 二酸化炭素は窒息・冷却効果がある。
【31】(3) リン酸塩類は普通火災,油火災,電気火災に有効。
【32】(2) 水溶性液体の場合,水を霧状にして使用すると冷却効果と希釈効果により消火できる。
【33】(2) 凝固点は低いほど冷却効果が大きい。
【34】(2) 二酸化炭素消火設備は窒息効果により消火。
【35】(1) ハロゲン化物による消火は窒息効果と抑制効果。
【36】(5) 油類の火災に注水すると,油が水に浮いて火災範囲を広げたり,油を飛散させたりする。
【37】(2) 二酸化酸素は電気の不導体であるので電気火災に使用できる。

2. 乙種危険物の性質 (P.56)

【1】(2) 略
【2】(4) アルキルアルミニウムは第3類
【3】(5) 自己反応性物質は第5類,過酸化水素は第6類。
【4】(3) 黄リンは第3類,硝酸と過酸化水素は第6類,気体は法別表の品名にはない。
【5】(2) ギヤー油は第4石油類,アマニ油は動植物油類。

【6】(2) 略
【7】(4) 第3類は可燃性と不燃性の物質がある。第5類は自己反応性物質で爆発的に反応する。
【8】(2) 略
【9】(4) 略
【10】(1) 略
【11】(4) 略
【12】(5) 略
【13】(2) 第1類は,一般に不燃性である。第3類は,水と接触して発火するかもしくは可燃性ガスを発生するものあるが,すべてではない。第5類は,一般に酸化性はない。第6類は,すべてが強酸の物質ではない。
【14】(2) 略
【15】(1) 略
【16】(1) 略
【17】(2) 発火点が100〔℃〕以上がほとんど。
【18】(2) 引火点は高くなる。
【19】(3) 略
【20】(3) 水に溶けにくい。20〔℃〕ですべてが引火するわけではない。燃焼範囲の下限界が低いものほど危険性は大きい。発火点以上では点火源がなくても燃焼する。
【21】(2) 熱伝導率の大きいものは蓄熱しにくい。蒸気比重は1より大きい。第4類の導電率は小さい。水溶性のものは水で希釈すると引火点が高くなる。
【22】(1) 水は拡散するので使用しない。容器は空間容積をとる。換気して蒸気を排出する。空容器はふたをして部屋の換気をする。
【23】(1) 蒸気は低所に滞留するので低所の換気をする。
【24】(5) 滞留を防ぐことにより,燃焼範囲の下限界以下の濃度にする。
【25】(3) 略
【26】(1) 略

【27】(1) 水溶性危険物は泡を消してしまうので消火には不適。
【28】(3) 冷却ではなく,窒息効果と抑制効果が有効。
【29】(1) 窒息効果と抑制効果により消火をする。
二酸化炭素は油火災に有効
【30】(3) アセトアルデヒド
アセトン
メタノールが該当
【31】(3) 略
【32】(5) 水より軽く,水にわずかに溶ける。
【33】(2) 石油中ではなく水中に保存
【34】(5) 蒸気はどちらも空気より重い。
【35】(3) 略
【36】(2) 発生する気体はメタンと一酸化炭素
【37】(4) 略
【38】(3) 二硫化炭素は特有の不快臭があり,水に溶けず,水より重い。
【39】(3) 略
【40】(4) 略
【41】(3) ガソリンの発火点は300〔℃〕。
【42】(3) B 発火点は沸点より高いので発火しない。
D 上限値は7.6〔%〕。
【43】(5) オレンジ色に着色されている。
【44】(3) 略
【45】(1) ジエチルエーテル,水によく溶ける。
【46】(3) ベンゼンもトルエンも水に不溶。
【47】(5) 液比重は0.7。
【48】(5) 容器は密栓する。
【49】(2) 略
【50】(3) 略
【51】(3) エタノールの方が毒性は低い。
【52】(3) 燃焼範囲はガソリンの方が狭く,引火点は13〔℃〕。
【53】(1) 沸点は共に100〔℃〕以下。
【54】(5) メタノールには毒性がある。
【55】(4) 水溶性液体の消火には耐アルコール泡などを用いる。

【56】(4) 灯油の発火点は220〔℃〕。
【57】(4) 液温が20〔℃〕のときは,引火点以下なので引火の危険性は低い。
灯油は水には溶けない。
特異臭がある。
発火点は220〔℃〕。
【58】(3) 蒸気は空気より重い。
【59】(2) 自然発火する危険性は低い。
【60】(2) B 発火点は共に220〔℃〕。
E 共に水より軽い。
【61】(4) 略
【62】(1) 略
【63】(3) 略
【64】(3) 酢酸は水溶性。
【65】(3) 略
【66】(1) 引火点は70〔℃〕以上,200〔℃〕未満。
【67】(4) 重油の発火点は250℃〜380℃である。
【68】(5) 消火には泡,二酸化炭素,ハロゲン化物,粉末消火剤が適する。
【69】(4) 略
【70】(5) 略
【71】(2) 略
【72】(2) 引火点は200℃
【73】(3) 略
【74】(3) C 水に溶けない。
D 不飽和脂肪酸は動植物油類に含まれる。
【75】(3) 略
【76】(5) 略

総合問題 (P.70)

【1】(2) 引火点は,大まかに特殊引火物,第1石油類,アルコール類,第2石油類,第3石油類,第4石油類,動植物油類の順に大きくなる。
【2】(2) 二硫化炭素が燃焼すると二酸化硫黄が発生する。
【3】(2) AとE
【4】(5) 略
【5】(2) 略

第3章 危険物に関する法令

1. 消防法Ⅰ (P.82)

- 【1】(4) 略
- 【2】(4) 指定数量未満は市町村条例で規制
運搬の基準は関係法令で規制
- 【3】(4) 変更10日前までに市町村長等に届ける。
- 【4】(3) 第1石油類の指定数量は200〔ℓ〕
- 【5】(4) 第4石油類の指定数量は6,000〔ℓ〕
動植物油類の指定数量は10,000〔ℓ〕
- 【6】(3) $\dfrac{100}{200}+\dfrac{2000}{1000}+\dfrac{4000}{2000}=4.5$

で最も大きい。
- 【7】(3) 軽油のみが指定数量の倍数が0.6となり,灯油の0.4と合わすと1となる。
- 【8】(4) 略
- 【9】(4) ガソリン180/200=0.9倍
軽油5000/1000=5倍
重油10000/2000=5倍
- 【10】(2) 略
- 【11】(2) 完成前検査は液体危険物タンクに対して行うので屋内貯蔵所では必要ない。
- 【12】(3) 仮使用は市町村長等の承認。
完成した場合は市町村長等の完成検査をうける。
仮貯蔵等は消防長または消防署長の承認。
予防規定の作成等は市町村長等の認可。
- 【13】(1) 認可ではなく許可。
- 【14】(5) 略
- 【15】(5) (1),(2),(3),(4)は変更部分なので仮使用申請ができない。
- 【16】(1) 市町村長ではなく,都道府県知事
- 【17】(5) 略
- 【18】(4) 略
- 【19】(5) 免状の再交付を受けた都道府県知事
- 【20】(2) 略
- 【21】(5) 略
- 【22】(3) A 丙種はガソリンも取り扱える。
D 免状が交付されれば,危険物取扱者である。
E 乙種も危険物保安監督者になれる。
- 【23】(2) 書き換えは氏名,本籍の変更や写真が10年経過したとき。
- 【24】(1) 免状関係はすべて都道府県知事
- 【25】(5) 略
- 【26】(2) 略
- 【27】(4) 甲種,乙種,丙種とも原則,3年に1回
- 【28】(3) 特に資格は必要ない。
- 【29】(5) 略
- 【30】(5) 甲種,乙種の資格があれば危険物保安監督者である必要はない。
- 【31】(2) A すべての製造所等で定める必要はない。
B 危険物施設保安員の指示に従わなくてよい。
D 丙種は資格がない。
- 【32】(4) 諸手続きに関する業務については規定されていない。
- 【33】(5) 略
- 【34】(3) 略
- 【35】(1) 略
- 【36】(5) 略
- 【37】(5) 略
- 【38】(5) 略
- 【39】(4) C 製造所等の設置は市町村長に事前に申請をする。
- 【40】(3) 危険物取扱者だけでなく,施設保安員や危険物取扱者立ち会いのもとで,危険物取扱者以外の者も点検できる。
- 【41】(3) 略
- 【42】(4) 略
- 【43】(2) 地下タンク貯蔵所,移動タンク貯蔵所

2. 消防法Ⅱ (製造所等に関する規制) (P.114)

- 【1】(4) 移送取扱所ではなく給油取扱所
- 【2】(2) ガソリンは第1石油類で引火点が0〔℃〕未満のため貯蔵できない。
- 【3】(2) 病院,小学校,劇場は30m以上。
7000〔V〕を超えて35000〔V〕以下の特別高圧架空電線は3〔m〕以上。
- 【4】(1) 製造所,屋外タンク貯蔵所
- 【5】(3) 略
- 【6】(3) 屋外の低所ではなく高所
- 【7】(2) タンクが2以上の場合は合算した量が,指定数量の40倍以下。
- 【8】(3) 略
- 【9】(4) 2つ以上のタンクがある場合は最大タンク容量の110〔%〕以上。

【10】(2)　ジエチルエーテルとガソリンが貯蔵できない。
　　　　トルエンは第1石油類であるが，引火点が0〔℃〕以上のため貯蔵できる。
【11】(3)　略
【12】(5)　屋内ではなく屋外
【13】(3)　地下タンク貯蔵所のタンク容量は定められていない。
【14】(1)　略
【15】(4)　専用タンクの容量は制限がない。
　　　　保安距離は必要ない。
　　　　保有空地ではなく給油空地。
　　　　へいの高さは2〔m〕以上。
【16】(3)　第3種の固定式泡消火設備が必要。
【17】(5)　監視および必要な指示を行う。
【18】(1)　A　ドラムから直接給油できない。
　　　　C　下水に流してはいけない。
　　　　D　専用タンクに注油中は固定給油設備の使用を中止する。
【19】(2)　略
【20】(3)　常置場所は1階のみ
【21】(4)　注入ホースは注入口に緊結する。
【22】(5)　届ける必要はない。
【23】(3)　A　完成検査済証は移動タンクに備え付けておく。
　　　　D　免状は携帯する。
【24】(4)　A　届ける必要はない。
　　　　C　危険物取扱者が乗車しなくよい。
　　　　D　指定数量以上の場合に備える。
　　　　E　指定数量未満ではなく指定数量の1/10以下。
【25】(3)　B　液体危険物は95〔%〕ではなく98〔%〕。
　　　　C　高さ制限が3〔m〕以下。
　　　　E　横方には向けてはならない。
【26】(5)　略
【27】(1)　略
【28】(2)　60〔℃〕ではなく55〔℃〕
【29】(2)　防油堤の水抜口は常時閉鎖。
　　　　完成検査証の写しは認められない。
　　　　類が異なる危険物は同一貯蔵所に貯蔵できない。
【30】(1)　略
【31】(5)　危険物が保護液から露出しないようにする。
　　　　変更することはできない。
　　　　1週間に1回ではなく1日1回。
　　　　安全な場所で他に危害を及ぼさない方法で焼却することができる。

【32】(1)　A　係員以外は出入りできないようにする
　　　　B　物品は貯蔵できない
　　　　C　類が異なる危険物は貯蔵できない。
　　　　D　屋外タンク貯蔵所ではなく屋外貯蔵所
【33】(2)　品名を変更することはできない。
　　　　安全な場所で他に危害を及ぼさない方法で焼却する。
　　　　火気はみだりに使用してはいけない。
　　　　貯留設備にたまった危険物は随時くみあげる。
【34】(2)　取扱注意ではなく火気厳禁
【35】(5)　第6類は掲示板を設ける必要はない。
　　　　また，「注水注意」という掲示板はない。
【36】(2)　第2種はスプリンクラー設備
【37】(2)　第4種は大型消火器
【38】(4)　略
【39】(5)　100倍ではなく10倍
【40】(1)　ガス漏れ検知装置は警報装置に含まれていない。
【41】(1)　略
【42】(5)　修理，改造または移転の命令は位置，構造および設備が技術上の基準に違反しているとき。
【43】(5)　危険物保安監督者の解任命令
【44】(2)　危険物取扱者が免状の書換えをしていなくても，使用停止命令に該当しない。
【45】(2)　略
【46】(2)　通気管は，タンク内の圧力上昇を防ぐために常に開放状態にする。
【47】(2)　流速を速めると静電気が発生しやすくなる。
【48】(3)　水を高圧・高速でノズルから噴出させると静電気が帯電することがある。
【49】(4)　略
【50】(3)　現場責任者の判断で実施してはならない。
【51】(1)　計量口は計量するとき以外は閉鎖しておく。
【52】(3)　コンクリートはアルカリ性であり，鉄を腐食させる作用は少ない。
【53】(3)　流出した油は，護岸近くに集め，速やかに回収する必要がある。
【54】(4)　A，B　危険物の流出および拡散の防止。
　　　　C　流出した危険物の除去。
　　　　E　災害防止のための応急措置。

模擬試験1 解答 (P.127)

【1】(5) アマニ油は動植物油類

【2】(3) 二硫化炭素 100/50=2倍
　　　　　ベンゼン 400/200=2倍
　　　　　アセトン 800/400=2倍
　　　　　エタノール 1600/400=4倍
　　　　　酢酸 2000/2000=1倍

【3】(1) 乙種は免状に指定する危険物以外の立ち会いはできない。甲種は危険物取扱者以外の取扱いに立ち会うことができる。免状は全国で有効である。丙種は危険物保安監督者になることはできない。

【4】(3) 略

【5】(3) 30,000〔ℓ〕ではなく 10,000〔ℓ〕

【6】(4) 略

【7】(3) 略

【8】(2) 略

【9】(3) B 給油量および給油時間の下限ではなく上限。
　　　　　E 非常時では取り扱いできないようにする。

【10】(1) 略

【11】(3) 略

【12】(4) 燃焼する場合は安全な場所で他に危害を及ぼさない方法で行い、必ず、見張り人をおく。

【13】(4) 略

【14】(4) 引火点が40〔℃〕以上の危険物を注入する場合は使用できる。

【15】(1) D 危険物保安監督者を選任しない場合。

【16】(3) 熱伝導率は静電気の発生とは関係ない。

【17】(3) CとEが正しい。

【18】(1) $Q=cm(t_1-t_2)$ に代入する。(P.4参照)
　　　　　$Q=10$〔kJ〕$=10000$〔J〕　$c=5$〔J/g℃〕
　　　　　$m=200$〔g〕　$t_1=20$〔℃〕
　　　　　$10000=5×200×(t_2-20)$
　　　　　$t_2=30$

【19】(5) 酸は金属と反応して水素を発生する。

【20】(3) B、C、Eが正しい
　　　　　黄リンと赤リンは同素体
　　　　　メタノールとエタノールは化合物

【21】(1) 略

【22】(2) A ガソリンとD 硫黄

【23】(3) 30〔℃〕、5〔％〕で引火したことより、引火点は30〔℃〕以下で、燃焼下限界は5〔％〕以下。
　　　　　20〔％〕では引火しなかったことより、燃焼上限界は20〔％〕未満。

【24】(1) 1つの要素だけでよい。

【25】(5) (1)固体の表面に付着しにくいので普通火災には使用できない。
　　　　　(2),(3)可燃物と反応しない。
　　　　　(4)油火災には窒息・冷却効果があり使用できる。

【26】(3) 略

【27】(5) 水溶性のものでも引火する。
　　　　　第4類は電気伝導度は小さい。
　　　　　沸点の高いものは引火爆発の危険性が低い。
　　　　　発火点の高低と燃焼下限界は関係ない。

【28】(2) 蒸気が滞留しないように換気する。

【29】(2) 耐アルコール泡を使用。

【30】(4) A・C・D・Eが使用できる。

【31】(4) 略

【32】(4) 発火点は300〔℃〕

【33】(5) 略

【34】(5) 引火点が低く、燃焼範囲が広いほど危険性が大きい。

【35】(2) 自動車ガソリンはオレンジ色、灯油は無色または淡黄色。

模擬試験2 解答 (P.134)

【1】(2) 黄リンは第3類で自然発火性物質。

【2】(3) 特殊引火物の非水溶性で，100/50＝2倍。
第1石油類の水溶性で，800/400＝2倍。
第3石油類の非水溶性で，2000/2000＝1倍。
2倍＋2倍＋1倍＝5倍

【3】(2) 略

【4】(1) 氏名・本籍が変わったとき，もしくは写真が10年経過したときに更新する。

【5】(3) 略

【6】(1) 特別高圧架空電線

【7】(4) 略

【8】(3) 最大タンク容量の110〔％〕以上。

【9】(4) 略

【10】(1) A 丙種は危険物保安監督者になれない。
B 実務経験は1年ではなく6ヶ月以上。
C 貯蔵所，取扱所によっては選任しなくてもよい所がある。
D 危険物施設保安員は，危険物保安監督者の指示に従う。

【11】(3) B 実務経験は必要ない。
C 保存期間は3年間。
D 危険物取扱者の立ち会いのもとで，危険物取扱者以外のものも実施できる。

【12】(5) 給油空地からはみ出してはならない。

【13】(3) 略

【14】(2) 丙種はベンゼンを取り扱う事ができない。
常に標識を掲げる。
完成検査済証の写しは認められない。
危険物が漏れた場合は，その場で対策を講ずる。

【15】(4) 危険物保安監督者の解任命令

【16】(4) 空気は酸素と窒素などの混合物。

【17】(4) A，Cが同素体。
Bは同位体。
Dは同一物質。
Eは異性体。

【18】(2) （元の体積）＋（増加の体積）で求める。
（増加体積）＝（元の体積）×（体膨張率）×（温度差）＝1000×0.0014×(50-20)＝42〔ℓ〕
1000＋42＝1042〔ℓ〕

【19】(4) 4〔℃〕のときに密度は最大になり，体積は最小になる。

【20】(3) (3)以外は還元反応。

【21】(5) 硫黄は蒸発燃焼。

【22】(1) 熱伝導率の小さい方が燃えやすい。

【23】(4) (1)液比重は同体積の水の重さと比べる
(2)点火源を近づけたときに燃えだす温度
(3)沸騰をはじめる温度
(5)450〔℃〕で自ら燃えだすときの温度

【24】(5) 常温では液体である。
燃焼下限界は3.5〔％〕より大きい。
498〔℃〕は発火点である。
引火点は55〔℃〕以下である。

【25】(3) 略

【26】(4) 略

【27】(4) 略

【28】(4) 略

【29】(4) 空気遮断による窒息消火が有効。

【30】(2) B 水に溶けない，エタノールには溶ける。
E 静電気は発生しやすい。

【31】(3) 共に水には溶けない。
共に常温では引火する危険性は低い
灯油は無色または淡紫黄色
軽油は淡黄色または淡褐色
共に燃焼範囲はほぼ同じ

【32】(2) 水には溶けない。

【33】(5) 硬化しやすいものほどヨウ素価が高く自然発火しやすい。

【34】(1) 略

【35】(3) 屋内では，可燃性蒸気が拡散しにくく床をはう危険性がある。